船舶解体

鉄リサイクルから見た日本近代史

佐藤正之【著】

花伝社

船舶解体◆目次

序章　なぜ船舶解体が問題なのか

リサイクル法と「フネ」

一九九〇年代に入って以降、日本では次々にリサイクル法が制定され、二〇〇五年一月に自動車リサイクル法が完全実施となった。自動車における「拡大生産者責任」の動きは日本の経済・産業にとって画期的な出来事だった。自動車工業は開発、生産、販売と、いわば動脈部分だけに経営資源を注いで、廃棄以後の静脈部分を視野に入れないですんだ時期が長くつづいた。しかし、九〇年代以降、廃棄（廃車）以降のリサイクル・ルートに綻びが生じ、自動車メーカー自体もかかわらざるを得ない状態となったからである。

その「クルマ」との関連において「フネ」にも九〇年代末以降、ある事態が憂慮され始めた。自動車と同じように、処理にさいして多量発生するのは鉄屑である。それでは「船舶リサイクル法」の制定が迫られるような事態が起きているのだろうか。自動車の場合は解体業者がディーラーや整備業者から廃車を引き受けるさいに有料で引き取っていたのが逆に処理費を徴収する、いわゆる逆有償となったのがリサイクル法制定のきっかけとなった。

廃車はそれぞれの国で対処されるが、対象となるクルマを入札で取引するといった市場は存在しない。それに対して、船舶の場合は解体船市場が国際的な存在であることが基本的に異なる。そして船舶解体が採算上、困難となった国がある半面、発展途上国では低賃金であることなどが要因となって機能している。言い換えれば、逆有償といった事態は当面、発生しないとみてよい。となると、局面がいささか違うようでもある。

船舶が関連する主要業界は造船業界と海運業界であり、ある意味では廃棄（廃船）以降のことを自動車以上に考えずにすんできた産業分野だった。ところが、ここにきて関係官庁も含めて「シップリサイクル」という言葉がしきりに用いられるようになった。憂慮されるある事態とは巨大タンカーを解体する国・地域が地球上からいずれなくなってしまうのではないかという、きわめて深刻なものだった。

一九五〇年代後半から七〇年代前半の高度経済成長期に、日本の造船業はタンカーの大型化の先頭を切り、二〇万重量トン以上のタンカーをいうＶＬＣＣ、さらにそのうちの三〇万重量トン以上を指すＵＬＣＣの竣工記録を更新しつづけた。Very Large Crude (Oil) Carrier を略したのがＶＬＣＣであり、その Very を Ultra に変えたのがＵＬＣＣである。そして七三年の第一次オイルショックの直前には「百万トンタンカー」の建造さえ視野に入れていた[1]。

だが、大きさを競う時代は去った。今はといえば、ＶＬＣＣの坐礁などによる油濁汚染が大きな地球環境問題となった。巨大化よりも安全性が追求されるようになったのである。しかし、日本経済のエネルギー源は石油になおも大きく依存している。それでいながら、日本において、Ｖ

ＬＣＣやＵＬＣＣがどのような形で解体されているのか、ほとんど関心が抱かれていないのは由々しき事態といえよう。

歴史的にみれば、船舶の主要解体国・地域は自国の工業化の進展とともに解体船市場から撤退し、新たな国・地域と交代してきた。しかし、そのプロセスに変化がみられるほか、発展途上国が一手に引き受けている巨大タンカーの解体が厳しい批判にさらされている。環境や労働安全衛生面の規制が十分に行われないまま環境を破壊しているという地球環境保護団体による追及が激しくなった。廃船の処理にネックが生じることは、あるいは自動車の場合よりも世界経済に及ぼす影響が大きいのではなかろうか。

船そのものの価値が低下

ある事態の深刻さを別の角度から突き付けたのが二〇〇一年二月、ハワイ・オアフ島沖で米国原子力潜水艦に衝突され、深さ約六一〇メートルの海底に沈没した愛媛県立宇和島水産高校の「えひめ丸」の事故だった。結論を先取りしていえば、沈船を含めて船そのものの価値が低下し、廃船の行方に深刻な影響を及ぼしていることである。

沈没したえひめ丸は船体を吊り上げ、水深約三五メートルの浅瀬まで移動させて犠牲者の船内捜索をした後、ふたたび深海底に沈められた。かつての日本ならば、このようにいったん浅瀬まで移動させた沈船は引き揚げて、修理したうえで船として再利用された。また、船体の損傷が甚だしく船として再利用が困難な場合でも、可能ならば坐礁現場などで解体して、伸鉄材という特

表１　鉄鋼業の業態別分類

	業　　態
高炉メーカー	高炉を有し、原料の鉄鉱石から最終製品の鋼材を生産
電炉メーカー	電気炉で主原料の鉄屑を溶かし、鋼材を生産
単圧メーカー	高炉メーカー及び電炉メーカーなどから半成品の素材供給を受け、圧延・加工を施して鋼材を生産
伸鉄メーカー	鉄屑、または高炉メーカーからの発生品（圧延工程の仕損じ品など、鉄屑の分類では「自家発生屑」と称される）を材料として鋼材を生産
鋳鍛鋼メーカー	鋳鋼（溶解した鋼を所定の鋳型に鋳込んだもの）、鍛鋼（加熱した鋼塊または鋼片をハンマー、プレスで鍛錬、成型したもの）を生産

（出所）　通商産業省調査統計部編『我が国産業の現状——図で見る発展の軌跡と新産業事情』通商産業調査会、1986 年

殊な材料や鉄屑として役立てた。

一方、このところ、日本沿岸で海難事故を起こして放置された外国船が一〇隻を超えて大きな社会問題となった。それらの船には船体の撤去費用などの負担にそなえた船主責任保険、いわゆるＰＩ保険がかけられていなかった。やむなく日本の地方自治体が船主に対して費用請求の措置をとる一方で、肩代わりしたケースが現れた。[2]日本など先進工業国においては、船舶の解体は採算にとても合わない。他の船舶の航行に支障があるといった特別の事情がないかぎり、積極的に沈船を引き揚げる状況ではなくなった。それればかりか、事故を起こした外国船で放置されるケースが目立つようになったのである。

一方、船舶解体に伴う大きな収益源となっていた伸鉄材の需要が少なくなった状況を反映して、日本においては第二次世界大戦前から全国的に存在した伸鉄業が広島県福山市の鞆《とも》地区に僅かに名残をとどめるほどに激減した。一般の人がその実態を知っていたかどうかはともかく、伸鉄メーカーは鉄鋼業の分類に必ずといってよいほど加えられ

てきた。表1「鉄鋼業の業態別分類」はその一例であり、そこでは「鉄屑または高炉メーカーからの発生品を材料として鋼材を生産」となっている。

じつはこれは今日的表現であり、第一～一〇章で用いるときは「伸鉄メーカーは船に用いられていた厚鋼板など伸鉄材を短冊形に裁断し、そのまま炉で加熱・圧延して建設資材の丸棒（棒鋼）、平鋼などを製造・販売し、その需要も多かった」といったほうがふさわしい。伸鉄材は鉄屑とは独立した存在だった経緯があるからである。[3] また、業態として類似しているようにみえる電炉メーカーが「溶かして用いる」のに対して、伸鉄メーカーは「そのまま加熱して使う」ことが決定的に異なり、見方によっては原始的ともいえる製造法である。

日本にとっての鉄屑とは？

かつての日本がそうであったように現在、船舶が盛んに解体されている国では、伸鉄材とともに鉄屑の需要も多いという共通点が存在する。ここで船舶以外の発生源を含めた鉄屑に考察の重点を移せば、日本の鉄鋼業にとって、高度経済成長の初期に至るまで、鉄屑は製鋼原料として今日では想像もつかないほど重要な存在だった。欧州では第二次世界大戦がすでに始まっており、そのなかで日米関係が緊迫した一九四〇（昭和一五）年一〇月、米国が鉄屑の対日輸出を禁止したことは広く知られている。

日本が太平洋戦争を引き起こし、第二次世界大戦に加わったのはその後、四一年一二月だったが、戦略物資として「鉄は国家なり」といわれた状況下、生産力の基軸である鉄鋼生産において日本が米国の鉄屑に大きく依存していたことが禁輸措置の背景にある。言い換えれば、欧米諸国に比べて工業化が遅れた日本にとって、国内においてビルや橋梁、あるいは機械などの形で現に使用されていて、いずれは鉄屑となって排出される「鉄鋼蓄積量」が少なかった。したがって国内屑の発生量が少なく、先進工業国、とくに米国の鉄屑を大量に輸入する必要に迫られたのである。四〇年当時、米国では構築物や鉄道のレール、自動車など鉄屑の発生源も多様化していた。

それでは第二次世界大戦前の日本国内において、鉄屑はどのような形で発生し、流通していたのだろうか。国内屑の分類の一つに自家発生屑と市中屑がある。自家発生屑は製鋼工程における仕損じ品など鉄鋼工場の内部で発生し、通常はそのまま再利用される。したがって一般的に流通していたのは文字通り、市中屑ということになるが、それは鋼材を材料として使用するさまざまな業種の工場で発生する加工屑とビルや橋梁の解体などから生じる老廃屑に分類される。老廃屑は一般家庭からも排出される。

日本が輸入屑、実態的には米国屑の輸入を本格化させたのは昭和初年、一九二〇年代の後半以降だった。その時期、鉄屑輸入とは別に解体船の輸入が盛んになり、伸鉄材としての利用のほか、それに適さないものが鉄屑となった。関連して目覚ましい活動をみせたのが船舶解体業である。その国際的偏在が現在、巨大タンカーの廃船後の行方と関連して、大きく注目されていることはすでに述べたところである。

ここでは米国屑や解体船の輸入が増加するなかで、国内屑の回収が積極的に図られ、鉄鋼増産に結び付いていったことを強調したい。いわば「鉄屑の戦争化」ともいうべき現象であり、三一年九月の満州事変をきっかけに鉄屑ブームが起こり、三七年七月に日中全面戦争となって以降、この現象は一段と強まった。世界を覆った戦争機運とともに解体船の輸入が困難となるに及んで、国内では「沈船引揚時代」が到来し、太平洋戦争直前の鉄屑統制の強化は半面で「鉄屑長者」を生みだした。

なぜこのような構成になったか

そのような鉄屑供給の全般的推移の下で注目されるのが、本書のテーマの軸とした廃船の行方である。廃船は伸鉄材とともに一時に多量、しかも質のよい鉄屑を供給したからである。日本では自動車よりも早い時期に鋼船が建造され始めた。自動車が本格的に生産され始めたのは遅く、乗用車によるマイカーブームが起こったのは第二次世界大戦後、それも高度経済成長期の一九六五年前後だった。廃車が有力な製鋼原料として位置づけられたのもその頃である。七〇年前後に大手商社が有力な鉄屑取扱業者に対して部品等を取り除いた車体を破砕するシュレッダー装置の導入に力を入れて、現在の自動車リサイクル体制が構築された[4]。

商船、艦船の両面から、これまで照射されなかったといってよい廃船の行方と鉄屑供給との関係を追究することは大いに意味がある。なぜならば、そうすることによって、これまでと異なる角度から日本の近代化の過程を明らかにすることが可能であり、今日的課題に結び付けられるのではなかろうか。それが本来の調査・研究の発端だった。その部分が本書の構成では第二部「日本の船舶解体業の栄枯盛衰――戦争と鉄屑――」である。

ところが、その追究過程において、事態は思わぬ方向に展開し始めた。廃車後の自動車の場合と同じように、巨大タンカーを中心とした船舶においても、解体現場の危機がクローズアップされ、その国際的対応が急速に進行し始めたのである。それらを記述したのが第一部「現代の船舶解体とリサイクル」である。また、第三部を「鉄屑が映し出す昭和初期の日本」とし、全国的に盛んだった廃艦艇の魚礁化や、廃艦の払い下げをきっかけとして軍港都市・横須賀を揺るがせた「津軽」疑獄など今は忘れ去られたエピソードを紹介した。第二部、第三部に関しては「鉄屑の戦争化」という現象を常に意識しながら執筆した。

このように、本書は執筆開始時に意図した構成を、執筆過程で生じた廃船の行方の問題化とともに大きく変更した。なによりも今日的課題を先行させて記述したいという思いからだったが、調和がとれた形になりえたか。読者のご批判を仰ぎたい。

第一部　現代の船舶解体とリサイクル

第一章　いま、解体はどこの国で

「日本では採算に合わない」

宇和島水産高校の「えひめ丸」にみるように、日本では積極的に沈船を引き揚げる状況にない。だからといって、航行している船はいずれ老朽化してスクラップ化されるはずである。日本における廃船の行方、そして船舶解体業は現在、どのようになっているのだろうか。それに関連するニュースに接することは少ないが、ときたま新聞の紙面やテレビの画面に現れる。気づいた一、二の事例を紹介しよう。

一つは二〇〇二年九月二三日『日本経済新聞』の「現役再古参の捕鯨船　最後の航海終え母港に　下関、四〇年の歴史に幕　保存へ」である。老朽化で廃船が決まっている第二五利丸（七四〇トン）が北西太平洋における調査捕鯨を終えて、山口県下関市の母港に戻ってきた。「捕鯨の歴史を語り継ぎたい」という市民の要望を受け、下関市が永久保存して歴史遺産として活用する方針を決めているとあるから、この捕鯨船はスクラップ化されない。

二つ目はそれより少し前の七月六日、同じ『日本経済新聞』社会面のコラム「窓」に載った。

潜水艦「なだしお」が解体されることになり、広島県の海上自衛隊呉基地から船舶解体業者によって曳航された。「なだしお」といえば、記憶されている方も多いであろう。一九八八年七月、神奈川県横須賀沖の東京湾で遊漁船と衝突し、遊漁船の乗客・乗員四八人のうち、三〇人が死亡したあの潜水艦である。海上自衛隊の呉地方総監部によると、解体業者が入札によって別の潜水艦と合わせて、約二五〇万円で落札した。

この二つの記事に接する四年ほど前の九八年九月一一日『北海道新聞』に「根室海保巡視船・旧『くなしり』わずか五〇〇〇円」が載った。鉄屑として購入する業者を募って入札にかけたが、応募者がなく、個別折衝でやっと五〇〇〇円で引き取ってもらった。その折り「海上自衛隊の艦艇や海上保安庁の巡視船は日本において解体するが、それ以外の大半の船は日本ではとても採算に合わないので行わない」と聞き及んだ。日本において船舶が盛んに解体されていた第二次世界大戦前、そして戦後しばらくの間とは解体船の価値に大きな隔たりがあり、状況が全く変化したと痛感した。かつての日本は伸鉄材や製鋼原料の鉄屑を得るために外国から老朽船をしきりに輸入して解体していたのである。変化の経緯を調べていく過程において、船舶の解体が産業面に及ぼしていた重要性も、日本においては急速に薄れてしまったことも認識した。

中古船市場と解体船市場

船舶そのものの売買に関しては、国際的に中古船市場と解体船市場が存在する。海上の荷動きが活発で、運賃や用船料が高いときには、中古船の船価は上昇する。そのような状況になると、船を動かすと赤字になるために、港に船を繋いでおく繋船は消滅するし、船主は老朽船も需要があるので運航させようとする。その結果、解体船市場への供給は途絶え、解体船の船価も上昇する。海上の荷動きが減り、運賃・用船料が下落すると、逆の動きが起きる。繋船量が増加し、中古船、解体船とも価格が下落し、解体業者の積極的な購入によって解体量は増加する。このように二つの市場はけっして無関係でない。

ところで、現在の日本の海運界では、所有船を解体に至るまで保有しつづけるケースは少ない。とくにタンカーは中古船市場を通してほとんど海外に売却する。日本の船会社と石油会社の積み荷契約はふつう一〇年間である。船会社はその後二〜三年はスポット用船で稼ごうとするが、その半面、リスクも大きい。したがって船齢一二年くらいで中古船市場において引合があるし、一五年以上となると手放すケースが多い。

それでは船舶はどのくらいの船齢で解体されるのだろうか。物理的な寿命は昔も今もかなり長いといえる。(1) しかし、性能が優れ、経済効率がよい船が開発されると、在来タイプの船が解体されるという経済的寿命が存在する。バンカー（燃料油）価格の上昇によって省エネタイプの船に変更する動きが生じたり、船員費の高騰が船の自動化を促したといった動きのほかに「地球環境的寿命」さえ現れるに至った。一九八〇年代末以降、タンカーの大事故がつづいた結果、ダブルハル化が促進された。艤装品や機関部を搭載していない状態の船舶の外側をハル（Hull）といい、ダブルハルは原油や重油を積むタンカーの貨物艙を内壁と外壁の二重構造にする。タンカーが坐礁しても、積み荷の海上流出を防ぐために、海洋汚染防止条約（ＭＡＲＰＯＬ７３／７８条約）

に基づいて実施された。二〇〇三年一二月の改正ではシングルハルタンカーのフェーズアウト（段階的排除）時期を五年前倒しして二〇一〇年とすることになっている。(2)

日本において船舶の解体に無関心となった要因の一つに、解体まで保有せず中古船を海外に転売する傾向を挙げたが、製鋼原料として老朽船を輸入する必要がなくなったほうがより大きかったといえよう。高度経済成長期に国内における鉄屑の発生量が増加した。いずれ鉄屑となる「鉄屑蓄積量」が積み上がった結果である。解体船を輸入する必要がなくなったばかりか、解体そのものが日本など先進工業国において採算が合わなくなった。その結果、ＶＬＣＣなどの解体はインドなどの南アジア三カ国、そして東アジアの中国だけで行われるようになってしまったのである。

ＬＤＴという特殊な取引単位

船舶解体の状況をグローバルにみるために、図１「世界の船舶解体実績」を掲げた。この統計は一〇〇総トン以上の船舶を対象にしており、厳密には艦船を除外した船、つまり漁船も含んでいる。海運・造船用語は専門用語、それも略語で使われることが多い。したがって、この図に用いられている総トンなど用語について多少の説明が必要となる。

船舶の大きさはトンで表されるが、そのトンにも大きく分けて総トン、重量トン、排水トンと三つの種類がある。この図で用いられている総トン（G／T＝Gross Tonnage）は船の容積を表す単位で、一〇〇立方フィート（約二・八三立方メートル）が一総トンである。重量トン（D

図１　世界の船舶解体実績

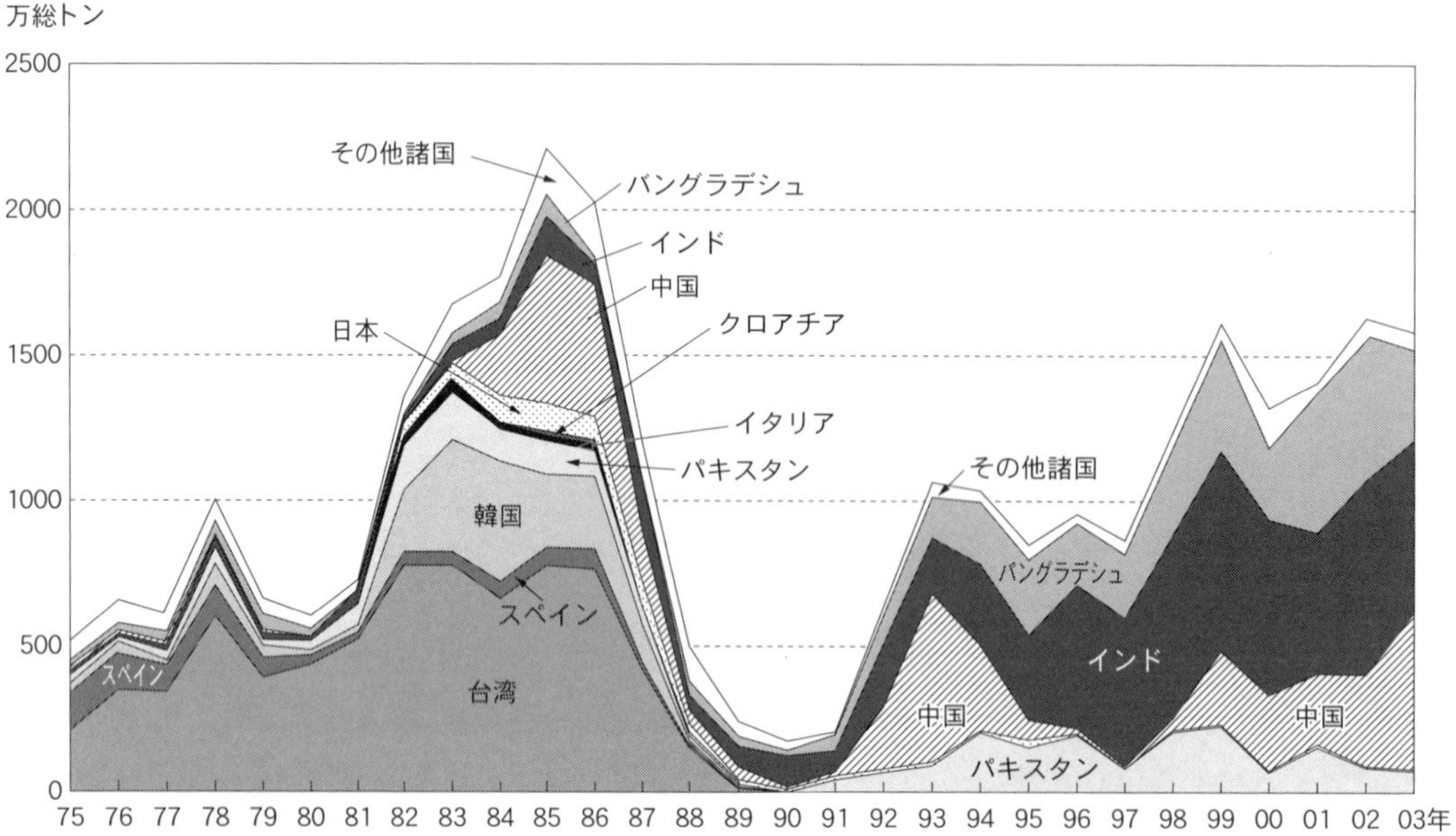

（注）1. ロイド資料から作成

2. 対象は100総トン以上

（出所）日本造船工業会『造船関係資料（2004年）』

／W＝Dead Weight Tonnage）は船が積める貨物の重さを示す単位であり、載貨重量トンともいわれる。排水トンは船が押しのけている海水の重量を示すが、実際にはアルキメデスの原理によって船全体の重量を示すことになる。海軍の艦艇は排水トン、客船は総トンで表記される。一方、総トン、重量トンのいずれでも表記が可能だが、タンカーは重量トン、コンテナ船は総トンでいうのが一般的である。

ここで重要なのは、解体船の船価（以下、解体船価）はＬＤＴという単位で示されることである。この略語のＬはLightで、ＤＴはDisplacement Tonnage、すなわち排水トンのことなので、ＬＤＴを日本語に訳すと軽荷排水トンとなる。言い換えれば、本船自体の重量、つまり船体、機関、艤装品など解体の対象となる重量である。解体船では解体後に得られる鋼材、鉄屑などの量が最大の関心事なので、そのような特殊な単位が用いられる。艦艇に使われる排水トンとは同じ系統の単位だが、その違いは専門的すぎるので省略する。いずれにしても解体船を売買するさいには総トン、重量トンを一ＬＤＴ当たりの米ドルに換算して示すのが業界の慣習である。各単位の関係は、概数で一例を挙げると、二八万重量トンのＶＬＣＣは一四万総トン、三万七〇〇〇ＬＤＴに相当する。[3]

オイルショックに伴う大量解体

それらを前提として図1をあらためてみよう。すぐに目に付くのは一九八〇年代に解体量が著しく増加したことである。とくに八二年以降八六年までは船舶の竣工量を解体量が上回る状況が出現した。七三年と七九年の二度にわたってオイルショックが発生し、海運市況が低迷した結果だが、大量の解体発生との間にタイムラグがややあるので推移を詳しくみる必要がある。

一瞬、奇異に聞こえるかもしれないが、第一次オイルショックを挟んだ七三〜七四年は空前の海運ブームの時期だった。七二年まで低迷をつづけていた海運市況は、七三年に入って世界的な食糧危機、鉄鋼ブームを背景に、穀物や製鉄原料の荷動きが活発化し、第二次世界大戦後最高の海運ブームを現出したからである。第四次中東戦争をきっかけに起きた七三年一〇月の第一次オイルショックは当初、世界的なインフレの高進とともに海運ブームを加速する役割を演じた。

七四年の海運市況は全体としてはなお順調に推移したのだが、不定期船市況は高原状態の好調を持続したのに対して、タンカー市況はオイルショック直後に急落して不況に突入した。石油価格の高騰、世界的な消費節約ムードによって石油の海上荷動き量が急減したからである。そして七五年に始まった海運不況は深刻化し、八六年まで一二年間という長期にわたった。

オイルショック前後に大量発注されたということもあったが、タンカーはその後も巨大化し、七五年六月に当時、世界最大の四八万四三三七重量トンの日精丸が日本で竣工した。七七年七月現在で世界タンカー船腹量は三億三五〇〇万トンに達し、一億トンを上回る船腹が過剰となった。その結果、中古タンカーを中心にドラスチックに行われたのが八五年をピークとする船舶解体である。その年の解体量二二二二万九〇〇〇総トンは史上最高だった。

一変した世界の主要解体国

次いで図１において、九〇年を境にして解体を担う国・地域がガラリと変わった事実が重要である。その画期的状況を一口でいうと、台湾、韓国が解体船市場から退出し、インド、バングラデシュ、パキスタンが台頭した。また、その間、中国が特異な動きをみせた。そして繰り返すことになるが、二〇万重量トンを超すＶＬＣＣ、さらにそれよりも大型化したＵＬＣＣなどは現在、すべてがこの四カ国で解体されているといってよい状況となった。

具体的な数字を用いて、二〇〇三年の解体状況を説明すると、一位はインドの五八八万六〇〇〇総トン、次いで中国五五八万二〇〇〇総トン、バングラデシュ二八九万総トンであり、この三国でシェアはほぼ九割、四位のパキスタンの八一万七〇〇〇総トンを加えるとシェアは九五・三％にも達する。日本はどうなのか。僅か四万六〇〇〇総トンにすぎず、〇・三％に満たないシェアである。前年に比べると、上位三位のなかでバングラデシュと中国の順位が入れ替わったほか、解体量において中国が二四四万三〇〇〇総トンと大幅に増やしたのに対し、インドは八六万五〇〇〇総トン、バングラデシュに至っては二〇〇万四〇〇〇総トンも減るといったように大きく変動した。

それでは図示されている最初の年である七五年と解体量がピークとなった八五年の国・地域別シェアをも併せ取り上げながら、画期的といえる船舶解体の担い手の交代のようすを分析しよう。七五年の一位は台湾であり、二一四万一〇〇〇総トンでシェアが四二・二％だった。二位のスペインの一二二万二〇〇〇総トン、シェア二四・一％が目に付く程度であり、それ以外は韓国の三一万二〇〇〇総トンから中国の九万総トンまでの間に韓国、パキスタン、イタリア、クロアチア、日本が位置するなど、地域的に広がりがあり、多くの国で船舶が解体されていたことが分かる。

次いで八五年の数字は、依然として一位が台湾で七八二万二〇〇〇総トン、シェアが三五・二%だった。以下、シェアを省略して順位だけを記すと、②中国五〇一万九〇〇〇総トン、③韓国二五五万一〇〇〇総トン、④インド一三〇万三〇〇〇総トン、⑤パキスタン一一四万三〇〇〇総トンとなり、八一万八〇〇〇総トンのバングラデシュと併せて現在、船舶解体が盛んとなった南アジア三カ国を形成する兆しがみえる。八五年において、日本は九七万三〇〇〇総トンとかなりの解体量を記録している。これは七八年一二月に船舶解撤事業促進協会が設立され、それ以降、船舶解体の助成金交付制度が存在したことによる。解体によって船舶の建造需要を喚起して造船事業者の仕事量を確保すること、それに加えて外航船腹の過剰解消を目的にしていた。ちなみに「解撤」とは船舶解体の専門用語である(以下、団体名など特別な場合を除いて「解体」を用いる)。

中国の動きとシェア変動要因

世界シェアの推移のなかで独特の動きをみせた中国の状況もみよう。解体量において八五年に世界二位だったことは触れたが、激しい変動をみせたのは九二年以降のことである。九二年の二二一万三〇〇〇総トン、九三年の五七八万六〇〇〇総トンとつづけて世界一位となった年がある一方、九六〜九七年は一〇万四〇〇〇総トン、九万九〇〇〇総トンと大きく落ち込んだ。解体船輸入に対して高い関税や付加価値税を課した、あるいは金融引き締めの結果などと説明されているが、九七年九月のロンドンの海事専門紙に載った、九三年に一八七社あった中国の解体業者が九六年には二二社に減ったという記述が印象的である。

世界の解体船市場に中国が九九年、本格的に再参入して以降、中国と南アジア三カ国間の競争が激しさを増している。九七年と二〇〇三年の世界シェアでみると、五〇・三％だったインドが三七・〇％まで低下し、逆に僅か一％だった中国が三五・〇％にまで上昇させたのが対照的である。二〇〇二年度から三年度にかけての解体用のＶＬＣＣ（ＵＬＣＣを含む）の購入国の変化が、競争の激しさを表している。ノルウェーのオスロに本社があり、中古船の販売・購入や海運関係の調査を手掛けているファンレイ社の調べによると、二〇〇二年度には二二隻が売却され、そのうち一二隻がバングラデシュ、次いで中国が六隻を占めており、パキスタン二隻、インドは一隻にとどまった（一隻は不明）。ところが、二九隻と増加した二〇〇三年度となると、中国が一六隻と大幅に増加した。その一方、バングラデシュは一一隻とほぼ前年度の水準を維持したが、インド、パキスタンは各一隻と低水準にとどまった[4]。

そのような購入競争の激化は当然のことながら解体船価に反映した。二〇〇三年の年初に一ＬＤＴ当たり二〇〇ドルの大台に乗せた解体船価が急上昇した。とくに中国が年末に八万重量トンクラスのタンカーを三〇〇ドルを超える価格で購入し、関連業界では大きなニュースとなった。解体船価の上昇はそれにとどまらず、二〇〇四年二月には四〇〇ドルを抜いた。

あらためて一九七〇年代から九〇年代にかけて、中心解体国・地域がどのような要因によって転換したのかをみよう。かつて船舶解体は世界の広い地域、しかも多くの国で行われてきた。海に面している国・地域という制約条件はあるが、船舶の解体による発生材に需要があり、それが利益を伴うビジネスでありさえすれば船舶解体業は成立する。採算が合わないので特殊な船を除いて解体されない状況となった日本においても、個々の仕事で「もうかる」と見極めがつけば、必ずといってよいほど、手掛ける業者が現れる事実がそのことを立証している。

船舶解体業の採算性とは

船舶解体業の採算性となると、買船費および解体費と発生材の売上高のバランスにある。買船費は解体船価ということになるが、解体船市場は国際的な自由競争の場であり、売り主である船主と買い主の船舶解体業者の間にブローカーが介在する。解体船価に影響を及ぼす要素として回航に要する費用、すなわち運航要員の人件費、燃料油費などが存在する。最後の航海の積み荷を揚げた港で、船が解体されれば回航費は発生しない。しかし、海上荷動き量が多い地域と船舶解体が盛んな地域が遠く隔たっているのが現状である。同一時点で通常、解体船価の水準は欧州よりもアジアのほうが高いが、船主側がインドなどの解撤ヤードまで解体船を回航しており、それが解体船価の差に反映されているとみられている。

解体費は人件費のウエートが高いので、賃金水準が低く、労働力が豊富な国が有利となる。日本では採算に合わなくなった船舶解体業が南アジアの三カ国や中国で成り立つゆえんである。解体費に関しては、解撤ヤードに廃油水の分離装置、スラッジ（活性汚濁物）の焼却処分装置などが必要となっており、コスト引き上げ要因として採算性に影響してくる。

一般的にいえば、船舶の解体量は大幅な解体費の削減がないかぎり、伸鉄材や鉄屑などの販売価格が上昇する場合か、解体船価がそれら販売価格を下回る水準にならないと増加しない。言い換えれば、そのような状態になって発生材の売上高が買船費および解体費を上回ったときに船舶解体業者の採算がとれる。発生材（回収材）の市場、ここでは伸鉄材や鉄屑が主体の市場といえるが、その大きな特色は国際的である解体船市場と異なり、ローカルな市場だという点にある。とくに伸鉄材の価格は国内需要に左右される。となると、解体国の鉄鋼生産と消費の状況の重要さが浮かび上がってくる。

台湾、韓国の台頭と退出

図1の七五年時点において、世界の船舶解体をリードしていた台湾の場合をみよう[5]。船舶解体業は解体船輸入の自由化が実施された六六年を境に政府主導型産業として飛躍的な発展を遂げた。七六年当時、高雄港には解体業者九二社が集中していて、①従業員は二万〜二万五〇〇〇人で関係企業の従業員を含めると約五万人に達する、②解体作業は熟練労働者の経験と女子・未成年労働者を含めた人海作戦によって消化されている、③公害問題は表面化していないが、将来は公害対策に取り組まざるをえないだろう——といった業界の特徴や問題点が列挙されている。高雄港に集中していた解体業者の大部分は伸鉄や電炉メーカーが兼業しており、自前の原料確保を目的に事業を展開していた。七〇年代半ばの台湾鉄鋼業は、銑鋼一貫の近代製鉄所の中国鋼鉄が建設中であり、七七年一〇月に第一号高炉の火入れをみた段階だった。それ以前は伸鉄材や鉄屑を原

材料とする小規模の伸鉄や電炉メーカーが中心だった。

一方、韓国は八一年の解体量が二九万九〇〇〇総トンにすぎなかったが、八四年には四一四万九〇〇〇総トン、シェアが二三・四%と次第に世界におけるウエートを高めていた。遡れば七〇年代当初、解体業者は釜山、仁川、馬山等で事業を展開しており、電炉メーカーや伸鉄メーカーの場合もありうる圧延メーカーの兼営が多かった。鉄鋼業は数多くの中小メーカーによって構成されていた。近代的な銑鋼一貫製鉄所の浦項綜合製鉄（現在の社名はポスコ）が設立されたのは六八年であり、七三年六月に浦項製鉄所、さらに八七年四月には光陽製鉄所のそれぞれ第一号高炉に火入れをしたことは記憶されてよい。ポスコは発展途上国工業化のモデル企業として高い評価を得ただけでなく、世界有数の鉄鋼会社に発展したのである。

工業国への転換を積極的に図ったこと、労働力にゆとりがあり、賃金水準も低かったところが韓国、台湾に共通しており、その後、一九八〇年代に新興製鉄国・地域として、ともに目覚ましく発展した。国際鉄鋼協会（ＩＩＳＩ）による二〇〇三年（一～一二月）の粗鋼生産量は韓国が世界五位、四六三〇万トンであり、台湾は一二位、一八八〇万トンにランクされている。同じく企業別粗鋼生産においてポスコは世界五位、二八九〇万トン、中国鋼鉄は一八位、一〇八〇万トン、ともに鋼板類の生産を中心とした銑鋼一貫メーカーである。このような鉄鋼業発展の過程において、韓国、台湾はともに世界の解体船市場から退出している。とくに台湾では台湾政府が高雄港の解撤ヤードを九〇年代に入ってコンテナヤードに改造した影響が大きかった。

南アジアはビーチング方式

その結果、解体中心国は南アジアのインド、バングラデシュ、パキスタン、東アジアの中国の四カ国に移行した。(6)「世界一の解撤ヤード」といわれるようになったのがアラビア海に面するインド西北部・グジャラート州のアラン地区である。インドの船舶解体業は一九七〇年代にムンバイ（ボンベイ）やカルカッタで小規模に始められ、八〇年代初めにアラン地区も加わった。解体現場の近隣には船舶の備品であるベッド、ドアから洗面器までを販売する門前市が形成されている。伸鉄材や鉄屑はアランにとってもっとも近い都市、バウナガル周辺の伸鉄工場や電炉工場に出荷する。そのアラン地区の解撤ヤードだが、グジャラート州の海事委員会が貸し出したほぼ一〇キロの海岸線にほとんどが三〇メートル幅、なかには一二〇メートル幅のもあって奥行きがほぼ五〇メートルの作業区画がずらりと並ぶ。作業区画の稼働数は景気によって変動が激しく、その時点において「かつては一八四あった」「一四〇～一五〇あったのが四〇～五〇に激減した」などと記述が一定していない。

アラン地区など南アジアの三カ国で行われているのがビーチング、日本語でいえば海岸乗り上げ、あるいは浜解撤と呼ばれることもある解体方式である。遠浅の海岸に向けて満潮時、解体船を全速力で走らせる。海岸といっても、目指すはその一つの点ともいうべき作業区画だ。なるべく奥深く突入し、潮が引いたときにはふたたび海に戻られない仕組みである。

ＵＬＣＣは巨鯨のように見えるのではなかろうか。迷い込んだクジラは、集まった人々が短時間でなんとか海に戻そうと努力するが、作業しやすいように乗り上げた解体船には台船が横付け

インド、アランで地区の船舶解体現場（（財）日本造船技術センター提供、1994年）

世界一の解撤ヤード―アラン地区

され、出稼ぎ労働者が日数をかけて解体するところが異なる。作業現場に移動式クレーン、ウインチ、ガス切断機などを持ち込み、解体するといった方式である。上甲板、外板などを解体・撤去するごとに軽量になった解体船を陸側に曳っぱって最終的に船底部を解体する。海岸乗り上げ方式は設備投資をほとんど必要としない。パキスタンではカラチの近くのガダニ海岸、バングラデシュではチッタゴンの南西に大きな解撤ヤードがあるが、いずれもこの方式である。

解体方式を大別すると、もう一つがアフロート方式であり、岸壁接舷方式ともいう。台湾の高雄港で行われていたのがこの方式だったことから台湾方式とも呼ばれている。港湾や造船所などの既存の岸壁に解体船を横付けにして、大きなブロックに解体し、クレーンまたはウインチで吊り上げて陸上に下ろして細かく解体する。かつての中国では海岸乗り上げ方式も行われたが、現在は岸壁接舷方式にほぼ移行している。中国の解体の中心は上海近辺と南部の広州周辺の二地域である。

鉄鋼業とどう結び付くのか

経済の発展期に入った発展途上国では鉄鋼需要が旺盛になる。船舶解体によって得られる伸鉄材は手っ取り早く鋼材にすることができるし、鉄屑も合金成分が少なく、品質が一定している良質な製鋼原料である。台湾、韓国では「鉄は国家なり」の意識の下、船舶が解体された。現在、船舶解体が盛んな南アジア三カ国の鉄鋼業はどのような状態にあるのだろうか。

インドには国際鉄鋼協会（ＩＩＳＩ）の二〇〇三年の企業別粗鋼生産において世界一五位、一二四〇万トンにランクされるインド鉄鋼公社（ＳＡＩＬ）が存在する。同社は七三年に持ち株会社として設立され、傘下に国有だった銑鋼一貫製鉄所を集めたインド最大の製造企業でもある。また、世界五四位、四三〇万トンと生産規模ではＳＡＩＬに及ばないが、タタ財閥傘下で知名度が高いタタ製鉄（ＴＩＳＣＯ）もある。電炉などに使われ、発展途上国では重要な役割を果たしている直接還元鉄の二〇〇三年の生産量が七七〇万トンあり、国別では世界首位といった面もインドにはある。還元鉄は高炉ではなく、専用のシャフト炉や回転炉を利用し、酸化鉄から酸素を取り除いた製鋼原料である。

インド鉄鋼公社、タタ製鉄を除き、多くの中小企業によって構成されているのがインド鉄鋼業の特色だが、国際鉄鋼協会による二〇〇三年の粗鋼生産量は三一八〇万トンと世界八位であり、新興製鉄国である韓国よりも少ないが台湾をしのぐ。ただし、一人当たりの鉄鋼消費でみた場合、人口の巨大さゆえに、鉄鋼に関する発達段階ではインドは低くみられてしまう。また、粗鋼生産における製法別内訳でいまだに平炉鋼が残存し、連続鋳造比率も低い水準にとどまっている。[7]

六八年で粗鋼生産量が一〇万トンにすぎず、インドに比べて製鉄業において記すべきものはないとされたのがパキスタンである。[8]八〇年代に操業を開始したパキスタン・スチールが鉄鋼内需の自給度を高めるのに貢献したが、『鉄鋼統計要覧　２００４』（日本鉄鋼連盟）によると、国全体の粗鋼生産量は二〇〇三年で一〇〇万トンにとどまっている。一方、バングラデシュは同じ統計資料に粗鋼生産量の数字が記載されていないうえに高炉、電気炉がなく鉄鋼自給率ゼロとした別の記述もある。いずれにせよ、パキスタン、バングラデシュ両国とも船舶解体業が供給している伸鉄材、鉄屑が鉄鋼生産において重要な役割を果たしているとみてよい。

パキスタンの場合でみると

船舶解体業と鉄鋼業を結び付けて考えるとき、対象とする国、ここでは南アジアの三カ国において、①伸鉄材による製品が高炉メーカーの転炉や電炉メーカーの電気炉で生産される鋼材に対してどのくらいの比率なのか、②船舶解体によって伸鉄材とともに鉄屑も生じるが、市中回収の鉄屑に対してどのくらいの割合で流通しているのか——といったデータがほしい。ピッタリあてはまるデータはなかなか入手できないが、一九九〇年代半ばのパキスタンについて関連する記述があったので引用しよう(9)。

パキスタンでは八〇年代後期に一〇〇あった解撤ヤードが一五に縮小したが、大型の解体船を輸入する政策に変更した結果、全体としての解体量は維持している。九〇年以降、ＶＬＣＣがガダニ海岸に到着し始め、画期的だったのは九四年一〇月に三四万七九〇〇重量トンのＵＬＣＣを輸入したことである。船舶解体業は九五年で月当たり四万〜五万トンの伸鉄材と鉄屑を伸鉄や電炉メーカーに供給している。伸鉄製品は全量が建設産業で消費されることになる。ただし、高層ビルに使用が禁止されたため、カラチでは二〇％を消費するだけであり、残りの八〇％は伸鉄や電炉メーカーによって加工された後、内陸部に向けて送られる。

高層ビルに使用が禁止されたという事実に注目したい。もともと製造法は異なるが、棒鋼に関しては伸鉄メーカーと高炉や電炉メーカーは競合関係にあった。品質的には多少問題があったが、価格面では伸鉄製品のほうが優位を保った。七〇年代以降、アジアの発展途上国で次々に起きた建設ブームのさいに、鉄筋材として棒鋼が大量に使われたといわれる。先進工業国の日本のケースでいうと、電炉メーカーは企業努力で棒鋼の生産コストを引き下げ、伸鉄メーカーとの価格差は縮小した。加えて、伸鉄製品はＪＩＳ（日本工業規格）が得られなかったのが響いて七〇年代半ばに需要が急速に減った。

日本のように、発展途上国は伸鉄製品の需要が減少するといった段階に達していない。しかし、その半面、船舶解体が行われている国においても、政府が高炉や電炉メーカーを振興するために、伸鉄材による棒鋼などの使用規制をするといったことが往々起きる。その結果、パキスタンでは首都・カラチにおける伸鉄製品の需要は減ったが、内陸部にはなお旺盛な需要が存在していたので減少分を振り向けることでさしたる影響は生じなかったということであろう。

アラン地区を襲った大地震

世界一の解撤ヤード、アラン海岸があるインド西北部のグジャラート州で二〇〇一年一月二六日、マグニチュード七・九の大地震が発生した。倒壊した建物の下敷きとなった死者が二万人を超えたなかで、日本の各新聞の特派員が次々に現地に入った。アラン地区の船舶解体業やグジャラート州の全般的な鉄鋼需要について知りたかった情報を得られるのではないかと記事に目をこらしたが、断片的な次のような収穫しかなかった。

一月二七日（夕刊）『毎日新聞』では「倒壊した建物はブロックを積み上げただけのものなど耐震性を無視した簡易な構造が多く、大きな被害の原因になった」とあり、次いで二八日『読売新聞』の州の主要都市アーメダバードに入った報告では「市内を歩くと、奇妙なコントラストに気づく。……倒壊した建物は数年前に建てられたばかりのものが多い。手抜き工事による人災が被害を拡大させた側面もありそうだ」となった。一月三一日『日本経済新聞』の社説にも「現地からの情報では、高層建築物も耐震力を高めるための基本すら欠き、軒並み倒壊した」とある。ここまでに引用した記事では、高層建築に船舶解体業が供給した伸鉄材によって生産された棒鋼が使用されていたかどうかの決め手がなかった。

ところが、海外の海事専門紙によると、一般の鉄鋼メーカーがアランのスクラップ鋼材でつくられた鉄柱やその他の建築資材を使用していなかったら、これほど多くの死者は出なかったと主張し、解体業者側がそれに強く反発していた。どちらの言い分が妥当なのか、ここでは判断しかねる。だが、そのなかで、解体業者側が「インド全土の伸鉄工場で生産されている年間八〇〇万トンの鋼材のうち、船舶スクラップからのものはせいぜい二〇〇万トンにすぎない。しかもそれらは品質的にもっとも優れている」と語っており、数字が入った貴重なデータとなった。二月二七日『朝日新聞』の「倒壊家屋から鉄材回収…インド地震一カ月」ではグジャラート州のブジという町において「倒壊した建物からの鉄筋や鉄骨の回収が盛んだ」とあった。家族が全滅した家が多く、廃屋からの回収に異議を唱える人はいないという[10]。

急拡大する中国の鉄鋼生産

南アジア三カ国に比較すると、中国の鉄鋼業に関する報道は日常的に接することができる。国際鉄鋼協会による二〇〇三年の中国の粗鋼生産量が一国の規模としては初めて二億トンを突破し、二億二〇一〇万トンとなるなど目覚ましく拡大しているからである。同じ統計の世界合計の粗鋼生産量は九億六二五〇万トンだから、中国の生産量は世界全体の二二・九％に達した。また、二〇〇四年三月三〇日『日経産業新聞』の「中国73高炉稼働…」では、『二〇〇三年の中国鉄鋼業』という日本鉄鋼連盟の報告書を紹介し、二〇〇三年の鉄鉱石輸入量は一億四八〇〇万トンで輸入比率が五三％に達し、世界最大の鉄鉱石輸入国になったとある。

ただし、中国鉄鋼業は量的拡大の半面、内陸部に立地した小規模企業が多く、自動車用の高級鋼板の生産技術に後れを取るなど質の面において世界の大製鉄国であるとの評価には到達しえていない。一人当たりの中国の鉄鋼消費水準も著しく伸びているが、日本、米国、ドイツ、韓国、台湾に比べてまだ少ない。

一方、この章のテーマである解体船についても鉄鋼生産に関連して興味深い現象が浮かび上がった。二〇〇三年の中国の大型船の積極的購入について「解撤産業史上、最高価格でもっとも多くのＵＬＣＣ、ＶＬＣＣを購入した国」「はるか遠方から鉄鉱石を輸入するよりも鋼材の手当てが容易なため、解体船に破格の値段が付けられるのだ」といった論評が海事専門の雑誌や日刊紙で見られたことが象徴的である。しかし、その意図の分析となると、いま一つ迫力に欠ける。中国においても建築関係で伸鉄製品の使用が規制されている。となると、内陸部に旺盛な伸鉄製品の需要が存在する、あるいは農業など他産業分野における活用など大きな需要が存在するということなのだろうか。

不可欠な船舶解体の永続性

第一章を結ぶに当たって、どうしても記しておきたいのは今後、南アジアの三カ国、東アジアの中国における船舶解体がどうなるかということである。この章では中心解体国・地域の消長を軸に考察してきたので、その歴史的経緯において、なにか参考になることがあるのではなかろうかということになる。海運が世界経済を支えているという観点からすれば、前提となるのは船舶解体がスムーズにいくように解撤ヤードの確保が不可欠であり、船舶解体業の持続的展開が必要であるということに尽きるであろう。

船舶解体業を成立させる経済的条件をいえば、解体から得られる伸鉄材や鉄屑は良質な原材料なので、新たな解撤ヤードの立地は旺盛な鉄鋼需要が存在する地域が望ましい。その場合、長期的には伸鉄材の需要は縮小が予想されるので、製鋼原料である鉄屑としての需要のほうが重要である。そうした地域といえば、経済発展が著しく、鉄鋼需要が増大しているアジア地域ということになろう。船舶解体から生じた鉄屑を国内消費に充てるだけでなく輸出するにも好都合である。

それとともに、解撤ヤードを成立させる大きな経済的条件として豊富で安価な労働力の存在が必ずといってよいほど取り上げられてきた。労働力と関連させて、船舶解体業の将来像を描く場合、基本的にはいつまでも経済発展せず、海に面して余剰労働力を抱えつづける国が存在しなければならない。しかしそうした想定を前提することはできないので、将来的には船舶解体業にも多量の労働力を必要としない解体ロボットの採用などが必要となろう。

先進工業国において、船舶解体が採算に合わないビジネスとなった根底には、収益性が高かった伸鉄材の需要が減少していく状況があった。伸鉄材によって製造された建築資材が工業製品の規格外であるという理由で排除されたのが大きな要因である。僅かに残る伸鉄業が必要とする伸鉄材は、量的に少なくなったので、船舶解体によってでなく、製鉄所で発生するいわゆる自家発生屑を回してもらえばすむようになったからである。

世界における鉄屑の流通

そのような状況を前提とすると、中長期的には船舶解体業は鉄屑を主体としたリサイクル資源の供給源の一つという位置づけが次第に定着するであろう。持続可能な経済社会の構築に当たって、鉄屑はきわめて重要な存在である。鉄鉱石などが有限であるのに対して、鉄屑は繰り返し利用できるうえに、溶鋼を得るためのエネルギー量が少なくてすむ。供給されうるかぎりの鉄屑を利用することが優先されるべきであろう。

廃車から生じる代表的な鉄屑がシュレッダー屑である。日本の電炉メーカーなどが国内で購入している鉄屑のなかでシュレッダー屑はほぼ一〇%を占めてきた[11]。それに対して、船舶解体から生じる鉄屑は伸鉄材に適しないものを鉄屑として出荷するという形だった。鉄屑としての出荷分が統計的に把握されたことはないが、国内における船舶解体が激減したことによって、発生する

図２　世界鉄屑フロー（2003年）

（単位　万トン）

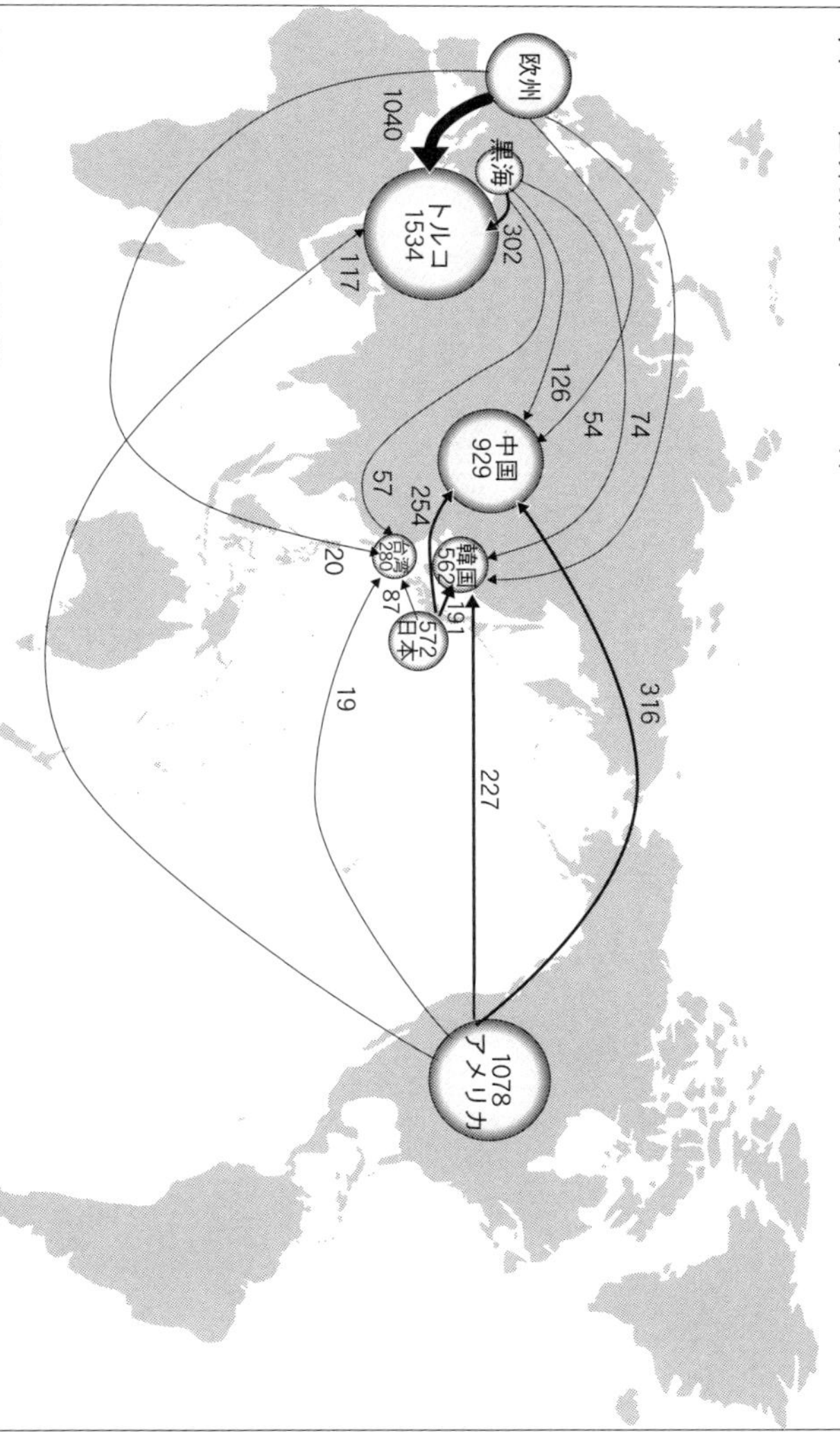

（注）1．原資料は各国貿易統計等
　　2．国名の上段の数値は総輸出数量、下段の数字は総輸入数量
（出所）日本鉄鋼連盟『鉄鋼需給四半期報』No.212、2004年

鉄屑自体の量が減っていることは確かである。一方、鉄屑の価格は通常、鉄屑の肉厚で決まるので、船舶に用いられ、かつては伸鉄材として出荷された厚鋼板の鉄屑などは評価が高い。

ここでは持続可能な経済社会の構築が全地球的に目指される状況下、世界の鉄鋼生産において鉄屑の重要度が増していることを強調したい。世界の経済活動においてもっとも活発な動きをみせる東アジアが現在、鉄屑流通で中心的な位置を占めていることを如実に示しているのが図2「世界鉄屑フロー(二〇〇三年)」である。そのなかでも中心となっているのが中国であり、九二九万トンも輸入している。韓国、台湾もいずれも鉄屑を輸入していて、この地域が慢性的な鉄屑不足に陥っていることが分かる。その半面、鉄屑輸入国の時代が長期間つづいた日本が一九九〇年代半ばに輸出国に転じた。二〇〇三年の輸出のほとんどが中国、韓国向けである。

輸出国となった日本において、国内価格に変化がみられるようになった。国内価格が東アジア向けの米国鉄屑輸出価格と無関係でなくなったというのである。それとは別に、図を一見して目立つのはトルコの輸入量の多さである。このトルコの活発な輸入がいわゆる中国発の原料インフレとあいまって世界的な鉄屑価格の上昇をもたらしたと分析されている[12]。そのような状況下、東アジア地域の鉄屑流通において日本の影響力は強まるであろう。アジア全体における鉄屑を一段とスムーズに流通させるために、現在の船舶解体体制を維持するのに力を注ぐことが日本の大きな役割といえよう。

第二章　地球環境の危機との接点

グリーンピースが追及開始

第一章で船舶解体の現状とその体制が今後も維持できるとは言い切れない状況を述べた。それとともに、解体から生じる鉄屑が循環型経済社会の形成のうえで、きわめて重要な存在であるとの観点に立って、新たな解体体制の構築を模索した。第二章では視角を変えて、船舶解体が地球環境、それも海洋環境汚染や劣悪な労働安全衛生環境との関連でクローズアップされてきた状況を明らかにしたい。現在の体制に内在する欠陥を是正することによって、はじめて新たな解体体制の展望が開けるからである。

国際的な環境保護団体のグリーンピースが激しく追及したことによって、インドなど現在の中心解体国の解撤ヤードに起因する深刻な海洋汚染や劣悪な労働安全衛生環境の問題点が広く知られるようになった。ここでは表面化した発展途上国の解体現場のどこが問題だったのかをグリーンピースの追及内容に沿って説明しよう。つづいて二〇〇三年から四年にかけて作成されたＩＭＯ（国際海事機関）など三つの国際機関のガイドラインをテーマとする。いずれもが船舶解体の今後のあり方に大きな影響を及ぼすからである。

グリーンピースといえば、本部をオランダのアムステルダムに置き、自然保護や反核、クジラ、イルカなど海洋動物保護について、急進的な抗議行動を含むさまざまな活動を世界中で展開してきた。インド西北部のグジャラート州にあって世界最大の解撤ヤードと目されていたアラン海岸を標的と定めて、グリーンピースが各種の調査を開始したのは一九九七年頃だった。(1)

発展途上国にある解撤ヤードには限りなくマイナス・イメージがつきまとう。アスベスト防熱材屑、船底塗料屑など有害物質が空中に舞い、砂浜にしみこむ。海面は油濁汚染を起こし、騒音、振動、粉塵、煙、悪臭、ごみ……そして漁業に被害を及ぼす。先進工業国においても環境汚染が原因となって解撤ヤードの立地が次第に困難となった面がある。

グリーンピースが目をつけたインドのアラン海岸の解撤ヤードでは、環境保護や労働安全衛生の規制が先進工業国のレベルに達していなかった。案の定、ＰＣＢやアスベストが解体船の部材や機器で発見されたことを根拠にして、グリーンピースは繰り返し、有害物質の手ぬるい管理が労働者の健康を損ねるとともに海の生態系に入り込んで深刻な環境破壊を引き起こしてきたと非難した。

このような状況を改善しようとするグリーンピースの運動は、有害廃棄物の国境間移動を監視する国際環境保護団体のバーゼル行動ネットワークやインドの労働組合と連携するなど広がりをみせた。そして船舶解体に対して、船主などに責任を負わせる新たな規制をＩＭＯが中心となってつくることを要求する動きに発展した。それとともにアスベストなど有害物質によって汚染された危険な船を解撤ヤードに送ることを法的に阻止する動きを展開したのである。

インド亜大陸に送られている解体船の運航にストップがかかれば、別の場所での解体が困難なＶＬＣＣなどはいつまでも稼働し、坐礁などによって大量の油流失の事故を起こしかねない。巨大タンカーがスムーズに解体されていると思い込んで、あまりにも実態を知らなすぎた船主や、船主から船を用船している船会社は予期しなかった事態に大慌てでした。

グリーンピースの動きが活発となり、インドのグジャラート州のアラン海岸で抗議活動を開始したのは九九年であり、その結果「ノルウェーのタンカーの多くはひそかにスクラップされている」ともいわれた状況が生じた。一連の行動のなかで、グリーンピースの活動家は「解体目的の船舶輸出がアスベスト、ＰＣＢ、そして重金属のような危険な廃棄物をアジアの海岸で安上がりに処理する言い訳に用いられてはならない」「アジアに送られる船舶は有害物質が除去されていなければならない」と言明した。

そのようなグリーンピースの動きに対し、本来的にはインド政府やグジャラート州政府が自国あるいは州の問題として対応すべきであろう。しかし、それが不可能だったからこそ、国際的な問題に発展した。そうなってくれば、国際的な環境保護団体と船主団体が渡り合う局面が生じる。

最後の航海を前に有害物質をすべて取り除くなどというのは現実的でないと船主や船会社は反発した。有害物質であることが判明して以降、代替物質が使われるようになったが、解体しようとしている船はそれ以前の建造である。耐熱と防音が必要な機関室、静けさが求められる無線室には双方に効果があるアスベストを用いた工事が施されている。それをすべて除去してＶＬＣＣ

をインド亜大陸まで曳航するなど、とても無理な話だということになる。ただし、グリーンピースの告発と船主・船会社の反発は、日本のマスコミではほとんど取り上げられず、したがって知られなかったといってよい。

ＵＬＣＣは巨大な構築物だ

一九七五年に建造された日本船籍では最大のタンカーだった日精丸(四八万四三三七重量トン)はその後、海外に売られて船名を変えたが、全長は三七九メートル、船底から操舵室までの高さがほぼ五七メートルもあって一七階建てのビルに匹敵した。火薬を使ったビルの解体工事がテレビで放映されることがあるが、ＶＬＣＣ以上のタンカーの解体に爆破方式を適用できないか、それに比べればスケールは小さいが、解体ロボットを導入できないかと考えた船舶解体の関係者がいる。研究開発が進めばともかく、爆破方式はビルほど簡単ではなく、費用が現在の解体方式よりもケタ外れに高くつき、ロボットの使用は制約条件が大きかった[2]。

表2「解体船からの回収物と用途」で示したように、船舶解体によって得られる回収物は多岐にわたる。ビルの爆破の後に多く残るのは鉄筋材の老廃屑とガレキの山だが、船舶の場合は鉄屑といっても多種多様であり、そのままの状態で回収すればすぐさま商品となる機械類も少なくない。船舶には厚鋼板が多量に使用されるが、それ以外の鋼材も工作性、機能性の観点から用いられている。造船用鋼材として大別すれば圧延鋼材、鋼管、鋳鍛鋼となり、そのなかの圧延鋼材でいえば、さらに船体用鋼板、ボイラー用鋼板、圧力容器用鋼板、形鋼、組立形鋼、低温用鋼材な

表２　解体船からの回収物と用途

発生材（素材）	鉄鋼材	伸鉄材	船から採取される量の最大のもので、建設用鉄筋丸棒の素材や平板として工事用敷板等に利用
		鉄屑	平・電炉の溶解用上級素材
		鋳鉄・鋳鋼・鍛鋼屑	鋳鉄・鋳鋼用溶解材、鍛鋼用素材
	非鉄材	銅、真鍮、砲金、アルミ、鉛、ホワイトメタル、亜鉛、マンガンブロンズ、ニッケルアルミ、ブロンズ、ステンレス等で、再生素材として利用	
発生品（機器類）	主機	蒸気タービン、ディーゼル機関など	修理・整備し、中古品として再利用可能、あるいは解体して再生素材として利用
	機関補機	ポンプ類	
	甲板機械類 航海用機器 船用品 電気機器		
その他	工作機械、電気部品、居住区部品、厨房器具、各種備品		

（出所）「船舶解撤事業の意義とその推進状況」『造船界』139号、日本造船工業会、1983年

どとなる。

表２の鉄鋼材は造船用鋼材の分類とはまったく異なり、伸鉄材、鉄屑、そして鋳鉄・鋳鋼・鍛鋼屑の三つに区分されている。先にも述べたが、伸鉄材は主としてそのまま加熱・圧延して丸棒（棒鋼）などにされる。伸鉄材に充てられるのは、造船用鋼材でいえば、主に船体用の厚鋼板といってよい。解体船から生じた鉄屑は電炉メーカーにとって溶解用の上級素材となる。電気炉で溶融して鋼となり、圧延して鋼材にする。鋳鉄・鋳鋼・鍛鋼屑は造船用鋼材の鋳鍛鋼から発生する。鋳鍛鋼品は船尾材、舵部材、錨、鎖などに用いられていて、再生用途も鋼板などと異なる。また、発生品の主機は蒸気タービン、ディーゼル機関、機関補機は補機の表現のほうが一般的だが、発電機械や主機関を運転するのに必要なポンプ類などを指す。

入念な事前作業が必要

実際の解体作業を有害物質の除去と関連づけてみよう。南アジアのインド、バングラデシュ、パキスタン、あるいは東アジアの中国の解撤ヤードに回航されたＶＬＣＣの場合でいうと、解体に先立って、原油輸送に使用したタンクのクリーニングとガスフリー（ガス抜き）の二つの作業が必要となる。船主側の責任で機器の操作に慣れたタンカーの乗組員とクリーニング業者によって作業が済まされていることが能率的で安全でもある。

さらに船舶解体業者の立場からすれば、回航のさいに必要だった燃料油はその他の残油を含めて回収、さらに空タンクの清掃を済ませた後に解体船を受け取るようにするのが望ましい。ただし、タンククリーニングやガスフリーの処置が完全であったにせよ、暑い季節にはタンカーに残留した少量のスラッジ（活性汚濁物）からガスが発生し、爆発の危険がある。

解体作業が始まると、爆発事故のほかにもヒト、モノの落下事故や有害物質の飛散が起こらないように気を配らなければならない。天然の鉱物繊維であるアスベストは火にくべても燃えず、熱や薬品に強く摩耗にも耐える。製品は防熱・防音工事に適しており、とくに船舶では火災防止のために広く用いられていた。ところが、この「奇跡の鉱物」の粉塵を作業現場で肺に吸い込むと、何十年か後に悪性の中皮腫（ガンの一種）などを発症するおそれがあって、「静かな時限爆弾」といわれる有害物質と化した。使用量が減り、一部あるいは全面使用禁止の規制措置をとる国も増加してきたが、船舶の解体工事では事態が改善されたとはいえない。グリーンピースはアラン地区の現状からみて、いずれ中皮腫患者が続出すると警告した。

陸上で用いられる塗料よりも船舶用塗料は過酷な条件にさらされる。船底に用いる塗料はドックに入ったときにしか塗り替えができないので一段と耐久性を要求される。しかも、水線下にはフジツボ、カキなど海生生物が付着しやすく、いったんそうなると船体抵抗を増し、速力の低下を来すので、かつてはそれらを手仕事で剥がすのが厄介な仕事だった。

一九五〇年代以降の化学合成工業の飛躍的発展によって新たな船底防汚塗料の開発がつづき、七〇年代に入って画期的な有機錫を使用したＴＢＴ（トリブチル・スズ）が製造された。船底防汚塗料とは塗膜中に有毒成分を含有させ、少しずつ海水中に溶出しつづけて海生生物の付着を防止する。ＴＢＴは船舶のドック入りの期限を大幅に引き延ばした。

ところが、港湾などでＴＢＴに起因する有機スズ化合物が魚類等で検出され、「環境ホルモン」の一種とみなされていただけに大問題となった。[3] 日本では九六年にＴＢＴの使用が禁止され、世界的には禁止を目的として二〇〇一年一〇月に開催されたＩＭＯの外交会議で「船舶の有害な防汚方法の規制に関する国際条約」が採択された。二〇〇四年六月末現在、条約は発効していない。これまでの経緯からいって、ＴＢＴを使用した船が解撤ヤードで現に解体されている。解体のさいに有毒成分が飛び散り、海中や砂浜に堆積する。それが労働者に重大な健康障害、周辺の環境破壊を引き起こす。

ＩＭＯが乗り出した意義

周辺の環境破壊の元凶と目され、劣悪な労働安全衛生環境が指弾されたアジアの解撤ヤードの問題にＩＭＯがかかわるようになったのは、九八年一一月に開催されたＩＭＯの海洋環境保護委員会（ＭＥＰＣ）がきっかけだった。ノルウェー代表が表面化した船舶の解体問題をＩＭＯの検討事項とするように提案した。ＩＭＯは五八（昭和三三）年に設立された国連の専門機関であり、そのような機関が船舶の解体問題に関係したことは画期的なことだったといえよう。なぜならば海運業界など当事者だけの関心事にとどまっていた船舶の解体に地球環境問題という新たな視点が加わって、一般の関心を呼ぶようになったからである。

ＩＭＯの動きに各国の船主協会を会員とするＩＣＳ（国際海運会議所）も同調する動きをみせた。海洋環境の保全もＩＣＳの活動の一環だったから、当然ともいえようが、石油メジャーの石油会社国際海事評議会や国際労働組織の国際運輸労働者連盟の参加もみて、二〇〇一年八月にシップリサイクリングに関する「行動指針」を作成した。解体船を船舶解体業者に引き渡す前に実施する内容が盛り込まれており、船主の立場からすれば、解撤ヤードで発生している諸問題に責任を負うことだけはなんとしても避けたかった。その間、日本においても九九年一〇月、日本船主協会、日本造船工業会、日本船用工業会などがシップリサイクリング連絡協議会を設立した。この協議会での検討結果を日本船主協会が中心となってＩＣＳの論議に反映させようと努めたのである。

ＩＭＯなど国際機関による検討結果は三つのガイドラインという形で具体化した。作成した側からすれば非強制の勧告であり、受けた側では努力規定といえよう。すぐには実現困難な内容も多く含まれているが、ガイドラインがそれに沿った対策の実施を関連業界や関係国に求めていることに変わりない。言い換えれば、関連業界にとってはガイドラインの内容をどこまで実施していくかという新しい局面に入ったのである。

国際的ガイドラインの内容

ガイドラインを、採択された早い順に紹介しよう。まず二〇〇二年一二月に国連環境計画（ＵＮＥＰ）が第六回バーゼル条約締約国会議で解撤ヤードが実施すべき項目を定めた技術ガイドラインを採択して先頭を切った。ＵＮＥＰは七二年に設立された国連機関である。解体問題を取り上げた発端は、国境を越えて移動する有害物質を規制するバーゼル条約との関連からだった。ＵＮＥＰの設立目的および任務には、国連諸機関が着手していない環境問題に関して国際協力を推進していく事項があり、バーゼル条約などいくつかの条約事務局も務めている。輸出される解体船にはアスベスト、ＰＣＢなど有害物質を伴うケースが多いことから九九年一二月に開かれた第五回バーゼル条約締約国会議で船舶の解体問題を技術的側面と法的側面の双方から検討することを決定した。

それ以降、技術作業部会（ＴＷＧ）と法律作業部会（ＬＷＧ）が設置され、一足先にＴＷＧがとりまとめた解撤ヤードの技術ガイドラインが採択された。その基本認識は、インド亜大陸と中国における船舶解体が先進国で求められている基準に適合していなかったことである。したがって環境汚染を防止するために、解撤ヤードの改善では一年以内、五年以内、一〇年以内の三段階に分けて目標が設定されている。

①ヘルメット、安全靴、手袋や目など保護器具の使用、②即座に利用可能な消火装置の維持などが最低でも一年以内に達成する方式・基準である。いまさらといった基本的な事項がほとんどだが、二〇〇〇年四月の海外の海事専門紙に載ったインド・グジャラート州のアラン地区のルポでは「飛び散る火花と地面に投げ出された金属板をよけつかわしつつ、周囲に漂う煙を吸い込みながらの巡回を余儀なくされた」と描写され、グジャラート州高官の「ヤード内のヘルメットと手袋、保護眼鏡の着用が義務づけられていても、それを守ろうとしない者が少なくない」という言い訳めいた発言が紹介されている。二〜五年以内の達成にはアスベストに関連して、除去作業から生じるすべての廃棄物の封じ込め、除去区域を離れるさいの作業員の洗浄など一連の対策の実施が中心となっている。五〜一〇年以内の対策では有害物質、廃棄物を取り扱う場所すべてに不浸透性の床の採用などビーチング方式の根本的見直しが達成目標に入ってくる。

一方、法律作業部会には輸出される解体船がバーゼル条約の対象となるのかに始まる難しい問題が待ち構えていた。アスベストやＰＣＢを含んでいる船舶の解体が環境に及ぼす影響は認識しているが、合理的な解決策が確立するまでは船舶をバーゼル条約の対象から外すという慎重な対応をとっている国がほとんどである。さらに仮に条約が適用されるとしても、条約が定めている「廃棄物」「輸出国」「国境を越える移動」といった概念や枠組みをそのまま解体船にあてはめられない。解体船の売買契約が交わされたのが公海上の場合には輸出国の義務を負う国がなくなるのではないかといった多様な指摘があるからである。技術ガイドラインが採択された後に二つの作業部会は新たな公開作業部会（ＯＥＷＧ）に統合され、条約にかかわる専門的問題を検討している。

次いで二〇〇三年一〇月にタイのバンコクで開かれた国際労働機関（ＩＬＯ）の「船舶解体における地域間三者構成専門家会議」が船舶解体の安全・衛生に関するガイドラインを採択した。インド、パキスタン、バングラデシュ、中国、そしてトルコを対象とした会議の招集は草案の審議・採択を目的に二〇〇二年一一月に決まった。労働者、使用者、政府代表の三者が平等の立場で創設したＩＬＯの伝統に沿って、この専門家会議の構成も同様であり、主要船主国の技術専門家や国際機関のオブザーバーも招待された。[4]

ガイドラインの第二部「安全な船舶解体作業」に作業上の注意事項が細かく示されているが、その保護具・保護衣の項目が先に挙げたＵＮＥＰの技術ガイドラインの「ヘルメットなど早期着用」と結びつく。ＵＮＥＰのほうは労働上の健康や安全については専門のＩＬＯにゆだねて深く取り扱わないという連携がとられている。

船舶解体にＩＬＯがかかわったのは初めてであり、ガイドラインの序文に取り上げられた船舶解体業の産業特性は本書の序章、第一～二章との関連で見逃せない。そのなかでも「工業国における乾ドックでの解体が規制されているのに対して、発展途上国の海岸や岸壁での解体はほとんど規制されたり検査されない」という認識や、あるいは「国によっては、船舶解体はしばしば産業として認知されていない。平均的産業よりも危険であるのに、通常の安全、健康の法令や検査、社会的保護に関しても取り扱われていない」の指摘が重要である。

ＩＭＯガイドラインの役割

そしてＩＭＯが二〇〇三年一一月末から一二月初旬にかけて開いた第二三回通常総会でシップ・リサイクリングに関するガイドラインを採択した。このガイドラインの草案はＩＭＯの海洋環境保護委員会（ＭＥＰＣ）が中心となって作成されたが、先に述べた国際海運会議所（ＩＣＳ）がまとめた「行動指針」も取り入れられ、解体船を船舶解体業者に引き渡す前に実施する内容のベースとなった。ここに至って造船業、海運業、船舶解体業を一つの連環として把握し、その他の関係者を含めてそれぞれの役割と行動の方向性を示す一連のガイドラインがそろったことになる。

ＩＭＯガイドラインでは、解撤ヤードの状態についての責任は一義的にはヤードの所属国にあるべきだが、他の関係者もヤードにおける労働安全衛生や環境保護に関する問題を最小化するうえで貢献できる立場にあるとした。ここでいう他の関係者とは造船業、海運業などである。また、船舶の最終処分における最良の手段としてリサイクルを促進するとしたうえで、ガイドラインはリサイクルのための船舶の準備、さらに船舶において使用する有害物質と発生する廃棄物を最小化するための指針を提供している。そして船主に対してはまずＩＬＯやＵＮＥＰが作成したガイドラインに適合できる能力をもつ解撤ヤードを選択することを求めている。

それとともに、他のガイドラインとの関連を強調し、情報提供に関して関係者間の連携を図っているところに特色がある。情報提供では「グリーンパスポート」が大きな役割を果たす。船内のどの場所にどのような有害物質が存在するかを文書化して解撤ヤードに提供する形をとった。その目玉は表3「船舶に内在する有害物質の種類」で示した、ありうる有害物質の明細書（イン

表３　船舶に内在する有害物質の種類

I　船舶の構造・設備に含まれるおそれのある有害な物質

アスベスト	
塗装中に含まれる物質	鉛、スズ、カドミウム、ＴＢＴ(有機スズ化合物)、ヒ素、亜鉛、クロム、ストロンチウム、その他
プラスチック類	
右の化合物を 50mg/kg 以上含む物質	ポリ塩化ビフェニル（ＰＣＢ)、ポリ塩化テリフェニル（ＰＣＴ)、ポリ臭化ビフェニル（ＰＢＢ）
船舶の機器に封入されているガス類	フロンガス（ＣＦＣ)、ハロン、CO_2、アセチレン、プロパン、ブタン、酸素（爆発的に燃焼する危険性)、その他
船舶の設備、機器に含まれる化学品類	エンジン添加剤、不凍液、ボイラー添加剤等
船舶の設備、機器に含まれるその他の物質	潤滑油、作動油、鉛蓄電池、アルコール、エポキシ樹脂、水銀、放射性物質、その他

II　運航に伴って発生する廃棄物

タンク内残渣物	
油性廃棄物	残油、潤滑油、グリース、スラッジ、油性ビルジ
油性以外の廃棄物	バラスト水、汚水、厨房排水など

III　倉庫保管品類

ガス類
化学品類
その他倉庫保管品

（注）　国際海運会議所（ＩＣＳ）の「行動指針」で提唱された様式による分類
（出所）　中山省児「船舶建造とリサイクル」『海事産業研究所報』No.452

ベントリー・リスト）である。

内容は三つに分かれているが、Ⅰは新船の場合、造船事業者が作成し、船主に提供、既存船の場合は船主が造船所や舶用機器メーカーと協力のもと、可能な範囲で作成、Ⅱ、Ⅲは最終航海の前に船主が作成することにしている。有害物質、廃棄物の最小化については有害物質の使用を極力減らすとともに、リサイクルや有害物質の除去が容易な新造船の設計を造船業界に求めた。また、既存船には通常航海、あるいは修繕のさいも、船上に存在する有害物質や廃棄物の発生を最小化させようとしている。

関係者の責任など明確化へ

現時点におけるＩＭＯガイドラインの評価だが、船舶のリサイクルの枠組みをどのように構築するかが大きな国際的な課題となり、関係者の責任・役割の明確化に一歩進みだしたことに意味があるといえよう。船舶の新造時にリサイクルの容易な船舶の実現に向けた努力が求められることになったのも成果の一つである。また、インベントリー・リストを作って有害物質の所在を明らかにする、解撤ヤードのレベルを上げるための措置なども有効であろう。

ＩＭＯでは次の段階としてガイドライン遵守を促進するために必要な仕組みなど五つの事項をＭＥＰＣで検討することにしている。ともあれ、最大の焦点はガイドラインが近い将来、強制化されるかどうかである。海運業界はなんとしても自己の責任を解撤ヤードで船舶解体業者に受け渡しをすませた段階、それもガイドラインに沿った範囲にとどめたい。したがって現実的な議論を踏まえないまま、ガイドラインが強制化されることをもっとも憂慮している。

一方、これまで述べてきた国際機関における審議への対応やその基礎となる調査に関して、国内の体制はどのように構築されていたのだろうか。国土交通省は二〇〇二年六月に海事局に関係業界、研究機関、学識経験者から成るシップリサイクル検討委員会を設置した。「今後ともシップリサイクルを円滑に進めていくためには、主要なリサイクル国の技術力、経済力の現状を踏まえ、合理的な国際ルールづくりに取り組む必要がある」としたうえで「世界の主要な海運・造船国としてルールづくりに積極的に参加できるように…」と委員会設立の目的が述べられている。

「リサイクル」の新たな響き

ここであらためて強調したいのは、発展途上国の解撤ヤードにおける環境汚染、劣悪な労働安全衛生環境に対して、三つの国際機関が行動を起こした過程において、考え方に一つの大きな変化が生じたことである。すなわち、国際的な検討内容が解撤ヤードにおける有害物質の処理・管理などの技術的問題から船舶のリサイクル全体に関する枠組みの問題へと発展した。あえてこれまでリサイクルという言葉をなんらの説明もせずに使ってきた。じつは船の建造から解体に至るまでの全体の動きを船舶のリサイクルととらえたのが従来にはなかった発想だったのである。

それにまつわるエピソードがある。九九年六月にオランダのロッテルダムで開かれた第一回世界船舶解体業サミットにおいて国際海運会議所（ＩＣＳ）のロルフ・ウェストファル・ラーセン会長が会議の呼称をシップ・リサイクリングと変更すべきだと強調したが、昼の休憩から出席者が会場に帰るとそう書き替えられていたというのである。いきさつはともあれ、船舶解体問題への論議がその後深まる過程で、シップ・リサイクルという考え方が次第に定着したことは間違いない。

ＩＭＯなどが全体の枠組みをつくるに当たって、なんらかの責任を有する、またはリサイクルによって受益すると考えられる関係者、具体的には製造者、使用者、リサイクル業者、寄港国、リサイクル国等がそれぞれの責任・役割を明確化することが望まれた。いうまでもなく、製造者は造船業界、使用者は海運業界である。もともと海運業と造船業は密接な関係にある。その間に船舶解体業を割り込ませていえば、船舶解体業は海運業に対して老朽船の解体を引き受けるという意味で船舶調整機能を果たす。船舶解体業と造船業との間には海運業との関係よりも濃密な接触がありそうにみえるが必ずしもそうでない。船を建造するさいのノウハウが解体に生かされていたわけでもなく、造船業とは直接的なつながりはなかった。

船舶解体の中心となる作業はガス切断と重量物の移動である。造船においても、作業によくガスを用いる。「解体のガス切断は個人技の世界。造船所の従業員はガスを使いすぎて、解体では役立たない」と聞いたエピソードに二つの業界の違いが凝縮されていた。

他方、鉄屑や伸鉄材といった原料の供給者ということで、船舶解体業は鉄鋼業とは深い関係があった。となると、船舶解体業はむしろ海運、鉄鋼の二つの大きな業界の間に挟まり、双方の影響を直接被る労働集約型のマイナーな業種といったほうがふさわしい。

意識されなかった解体地

そのような状況の下で、小さな業種とはいえ、船舶解体業が独特の存在感を漂わせていたのには解体船の取得―解体―発生材の売却に関して経済行為として一つのシステムが確立して機能していたということが重要である。ところが、造船業界や海運業界にとって船舶解体業への関心は薄かった。同じ船舶を対象としながら、造船業界が無関心でありえたのは両者の間にかかわりがなかったからだといってよく、そのうえに船舶解体業が完全に独立した存在だったからである。

船主など海運関係者の解体への関心は解体船価と海運市況への影響にとどまっていたといってよかった。船主にとって解体船価は「高く売れさえすればよい」であり、解撤ヤードは「船の終焉の地」にすぎなかった。

船主らの無関心さを説明するために、第一章で用いた図1「世界の船舶解体実績」をあらためて取り上げたい。この図の基礎となるロイド統計において、解体国・地域別の数字が整理された形で、船籍国別の数字と並んで収録され始めたのは一九七〇年以降のことである。なぜ、そうなったのか、意図はいま一つはっきりしない。いずれにせよ、一九六〇年代以前には船舶解体は、海運国でありさえすれば普遍的に存在するビジネスであり、現在のように解体する国・地域が消滅してしまうのではないかといった不安のかけらもなかった。五九（昭和三四）年八月四日『日本経済新聞』に「世界の船腹解体急ピッチ　半年で昨年を上回る」という小さな記事が載っている。「このように大量の船舶を解体しても、過剰船腹が解消する見通しはない」という結論にみられるように終始、海運市況と関連づけた内容である。ロイド統計の五九年の世界解体量三一二万四五七一総トンを五八年の一四五万一八三二総トンと比べると、年間を通じて、記事が予測した形で推移した事実を確認できる。どこで解体されているかは、この記事では全く問題にされていない。

ここで図1に付け加えていうと、この図に描かれていない第二次世界大戦直後、あるいは戦前の一時期において日本は世界一の船舶解体国だった。第二部はその状況が主たるテーマの一つとなるが、鉄鋼生産が十分な発展をみなかった日本において船舶解体から得られる伸鉄材や鉄屑がきわめて重要だったのである。

生じたそこはかとない不安

ただし、船舶解体問題が顕在化する以前に、前途への不安が強まっていたことも事実である。九二年六月三日『朝日新聞』の「大型船スクラップ　推進訴え共同研究　日本の業界団体　廃油や廃材の海洋汚染恐れ」がその状況を物語っている。業界団体とは日本船主協会と日本造船工業会を指す。続々と寿命を迎える大型タンカーの解体が順調に進むようにと、その年四月に共同で設立した船舶解撤問題共同検討委員会で具体策を検討しようとしていたのである。

この記事における注目点は世界に存在する二〇万重量トン以上のＶＬＣＣ、約一四〇隻のうち、更新期に入る船齢一五年以上が過半数を占めていた一方、世界の船舶解体の中心だった台湾、韓国が市場から撤退した時期に当たっていたことである。したがって世界的に解体能力が不足しているまま、タンカーを海岸に放置するか、どこかの国の原始的工法による解体しかないという危機感が根底にあった。

折から世界海運は深刻な海運不況の下にあり、過剰船腹の打開策として老朽船の解体は、主要海運・造船国であった日本にとっても急務だった。その結果が、①九二年六月下旬にはアジア各国に調査団を派遣化し、大型船舶の解体を事業化できる国・地域の選定や方法を探る、②解体技術を開発するなど海洋汚染を防ぎながら解体し、資源を再利用する仕組みを政府開発援助（ＯＤＡ）などによって推進する、ということになった。

中国、インド、パキスタン、バングラデシュ、それにトルコの五カ国に調査団が派遣された。[5]その結果、解体すべき老朽船は最大で年間二〇〇〇万総トンを超える可能性があるが、解体能力は年間一四〇〇万～二六〇〇万総トンとかなりの幅をもって見積もられた。したがって、一挙に大量の解体ということになるならば、船舶解体業の基盤は脆弱であり、なんらかの支援措置が必要であると調査団は結論している。このような動きがあった九二年といえば、地球環境の大きな構成要素である海洋の汚染が一段と進行し、海運業界に課される規制は厳しさを増していた。

地球環境や労働安全面から

それでは南アジアの三カ国に東アジアの中国を加えた現在の主要解体国体制は維持可能なのだろうか。第一章の場合と異なり、地球環境や労働安全衛生の面を主体に考えてみたい。現在の体制に移るまで、世界の船舶解体の中心国・地域だった台湾、韓国が解体船市場から退出した要因には、第一章において強調した伸鉄材など回収材の需要減、賃金水準の上昇とともに、環境保全や労働安全衛生面の規制強化による解体コスト増があった。その点からすると、現在の体制への移行には環境・安全基準のより緩やかなところへの立地指向があったことは否定できないだろう。

その意味において現在、注目される二つの動きが存在する。一つは中国における船舶解体では岸壁接舷方式が主力となり、海岸乗り上げ方式の南アジアの三カ国よりも環境保護に対する配慮が行き届いているとの国際的評価が生じたことである。第一章では数字を紹介するにとどめた二〇〇三年度に解体用に売却されたＶＬＣＣ（ＵＬＣＣを含む）二九隻のうち、中国が一六隻を占めた事実をあらためて指摘したい。海外の海事専門紙などによると、他地域よりも低い解体船価の提示にかかわらず入手したケースがあり、中国の解撤ヤードに対する相対的高評価が働いたとする見方が存在するからである。[6]

もう一つの動きは欧州における「環境に配慮した」解撤ヤード新設構想である。このプロジェクトはオランダで造船会社と産業廃棄物処理会社が立案し、エームスハーベンに建設が予定されていると報じられている。環境汚染許容度ゼロの遮蔽型乾ドックの導入などが計画されており、また、そのような画期的な施設でなければ建設は認められないであろう。解体船をどのように確保するか、船舶に用いられている鋼材、とくに欧州ではほとんど需要がないとみられる船用品を含めて九〇％以上のリサイクルが可能かなどクリアしなければならない多くの難問もある。

ベトナムなどへの進出例

新たな国・地域に、あるいは立地場所はどこであれ、環境面に配慮した解撤ヤードが採算がとれる形で出現することは望ましい。それに異論はないにせよ、実現が容易でないのは一九九〇年代に東南アジアで船舶解体に乗り出そうとした国があったが、結局は軌道に乗らなかった事実に示されている。なぜ、そうなったのだろうか。

じつは一九九〇年代の東南アジアにおける船舶解体事業への新規参入国の動きには日本の企業が深くかかわっていた。また、九〇年代後半には、日本の円借款によってインド・グジャラート州において近代的な解撤ヤードの建設プロジェクトが浮上した。この二つの出来事の背景には、これまでにも述べたことだが、七〇年代前半に大量建造された大型タンカーの更新に伴う解体能力の深刻な不足が憂慮されていたという共通項があったのである。

まず船舶解体事業への新規参入についていえば、豊富な労働力が存在する東南アジアで実施すれば旺盛な伸鉄材や鉄屑の需要があるので採算がとれるとの判断が生まれる一方、関連業界もそれに沿った政策を要望した。それが具体化されたのが、第一章で触れた船舶解撤事業の助成金制度において九三年度から日本の造船会社等が行う海外解撤にも交付が可能となったことだった。当時、国内の助成金単価は一総トン当たり二七一〇円だったが、海外実施は一七〇〇円と設定された。

九三年一月以降、常石造船のフィリピンのセブ島、日立造船のベトナムのダナン州における合弁形態の船舶解体業への進出が報道されるようになった[7]。一連の報道のなかで、個別企業の進出動機として取り沙汰されたのは、タンカーのダブルハル構造への切り替えが解体量増加につながるとみたことや、船舶解体で生じた伸鉄材によって製造した棒鋼の現地における需要拡大が見込まれたことなどだったといえよう。

複雑な進出の仕組み

新聞報道を読むかぎりでは、海外解撤の日本側の主役は造船会社ととれる。しかし、ことベトナムに関しては、事業に参加した日正汽船の社史が進出の経緯をやや異なるニュアンスで記述している[8]。シンガポールを本拠地に商社活動を展開しているクオ（ＫＵＯ）グループと石油輸送でクオと関係があった日正汽船に対してベトナム側から経済自立に役立つ事業展開の要請があった。船舶解体事業を打診し、九三年一月に現地法人ダナン・シップブレーキング・アンド・スティール（ＤＳＳＣＯ）の設立をみたというのである。

ＤＳＳＣＯの資本金は四四〇万米ドル、内外均等の出資比率である。ここでいう外国側出資者がマイクロスという香港法人の投資会社であり、日正汽船とクオ・オイル（香港法人）が各持ち分三〇％、日立造船とパットマンフィールド（同）が各二〇％で新たに設立した。日正汽船が「事業全体のコーディネーター・推進役」、日立造船が「現地工場管理ならびに解体船の機器の再利用についての技術面での支援」の役割分担となっていて、出資比率と併せても、日立造船主体の事業展開とはいえない。ただし、海外解撤事業への助成金を得るのには、制度の仕組み上、申請者となりうるのは日立造船であり、その意味では欠かせない存在ということになる。

ＤＳＳＣＯでは九三年七月に解体工場、翌九四年五月には伸鉄工場も操業を開始した。この船舶解体プロジェクトが国際的に注目されていたことが九七年二月のロンドンの海事専門紙によって分かる。ベトナムは台湾、韓国、中国が大規模な解体業から撤退した後の期待される新規参入国の一つであると紹介されているからである。二二万一〇〇〇重量トンのＶＬＣＣを初めて購入したのが記事の本筋だが、伝統ある解撤センターと対抗できるように日本が援助しているとある。

一方、常石造船が地元セブ島で海運関連事業を手掛けているアポイティス・グループと合弁で設立したのがＫ＆Ａメタルインダストリーズである。船舶を解体して棒鋼を製造するのが事業目的であるとし、九三年秋に本格操業を開始した。その一方、常石造船は九五年一月に同グループと別の新規合弁会社を設立し、新造船、修繕船事業に乗り出した。常石造船にとってはこちらのほうがメーン事業である。ばら積み船建造に大きな成果を上げて同社の主力工場に発展した。

ベトナムからは撤退

船舶解撤事業促進協会による助成金交付事業は、海外解撤も対象に加えて以降、ほとんどの事業が海外において実施されるようになった。たとえば九六年度は申請一〇隻のうち、海外解撤が九隻という状態であり、九三〜九六年度に協会が申請を受理した一〇五万総トンのうち、一〇二万総トンが海外で解体された[9]。そして最後の申請があった二〇〇〇年度までに全体の解体量は日立造船が二〇隻、総計一〇六万九八八総トン、常石造船が一六隻、五五万八三一一総トン、寺岡が四隻、四万五〇九四総トンに上った。日立造船はベトナム、常石造船がフィリピン、加えて当初は寺岡鉄工所といった寺岡は石川島播磨重工業の協力会社であり、上海で船舶解体事業を実施したことになる。

ここで最後の申請といったのは日立造船が二〇〇〇年一二月、ベトナムにおける二万九八〇〇総トンのポーランド船籍だったばら積み船の解体助成金を申請し、二〇〇一年五月に交付されたケースである。それ以降、海外解撤の申請は途絶えた。常石造船、寺岡の最後の申請は九八年度であり、日本がかかわった海外解撤事業は事実上、停止したことになる。ベトナムのケースでは、日立造船、日正汽船など外国企業が二〇〇二年二月、ベトナム側に保有全株式を譲渡し、撤退することで合意した。ベトナム側は現地の鉄鋼関係の工場の発生材を原料に伸鉄事業を継続する方針と伝えられた[10]。一方、常石造船が設立したK＆Aメタル・インダストリーズは船舶解体事業からは撤退したが、新造船の部材製造を手掛けている。

インドにおける近代的な解撤ヤードの建設に話を移そう。九六年一月に日本の海外経済協力基金とインド政府との間で七〇億四六〇〇万円の円借款契約（一〇年据置、三〇年償還、利率二・三％）が締結された。ピパバブ港船舶解撤事業、具体的にいえば、アラン地区と同じグジャラート州のピパバブ港内に年間解体能力でＶＬＣＣ八隻程度の解体工場を建設するプロジェクトである（二四頁の地図「世界一の解撤ヤード」参照）。

インド側の構想によると、建設されるピパバブ港の施設はＶＬＣＣなど大型船を対象としており、アラン海岸では中小型船の解体という「棲み分け」が根底にあったとみられる。ピパバブ港内で三本の栈橋を並べて配置することによって生じる水域空間を船舶解体用ドック二基に活用するのが事業の特色となっていた。事業規模は邦貨換算で八二億九〇〇〇万円であり、その八五％に当たる七〇億四六〇〇万円が円借款の融資対象額となった。そして二〇〇〇年までに工事を完了し、操業を開始する予定だった。船舶解体工場の設置プロジェクトを日本が有償資金協力で行うのは初めてであり、このように機械化された工場は世界のどこにもないということが強調された。[11]

インドでは工事ストップ

工事の実施主体、施設完成後の運営主体などの説明をすると繁雑になるので、ここではなにをさておいても、工事完了・操業開始時期に注目してほしい。なぜならば二〇〇四年九月時点になっても施設は完成せず、したがって操業開始に至っていないからである。

円借款による建設のための資金調達がととのった九六年の年初と工事完了を予定した二〇〇〇

年というそれぞれの時点は、船舶解体においてどのような意味をもっていたのだろうか。九六年当時の観測では七〇年代に大量建造されたタンカーなどの解体量のピークは二〇〇〇年頃と見込まれていた。また、これまで第一章、第二章で述べてきたことに従えば、大量船舶解体の予想のなかで解体能力が不足しているのではないかという海運業界などの危機感が高まる一方、インドなどの解撤ヤードに対する海洋環境汚染や劣悪な労働安全衛生環境をめぐる非難が高まろうとしていた時期だった。したがって、大型廃油水分離装置の設置など、それまでの水準をはるかに抜く設備をもった解撤ヤードが予定どおり完成すれば、船舶解体にまつわるマイナス・イメージに大きなプラス効果を及ぼしたであろう。しかし、日本側の円借款に伴う措置などはすべて完了し、工事は完成を目前にしたままの状態でストップしているといわれる。

その理由についてはいくつか挙げられているが、これだと絞り込むほどの判断材料に乏しい。『円借款案件事後評価報告書２００３（要約版）』（国際協力銀行）は、インドにおける事業実施で最大の課題となるのは「工期の遅延」であると指摘している。ピパバブ港のプロジェクトも、それにあてはまる典型的なケースとだけは確実にいえるであろう。

機能しなかった運営体制

現在、船舶解体の中心となっているアジア地域における船主団体であるアジア船主フォーラム（ＡＳＦ）の姿勢は、ＩＭＯが策定したガイドラインの枠のなかで、ＩＭＯに対してＩＬＯとバーゼル条約事務局の活動を調整するうえで主導的な役割を果たすことを求めているといえよう。(12)船主の立場が反映されていて興味深いが、グリーンピースのＩＭＯガイドライン等に対する評価は一定の範囲に限定されていて、世界の解撤ヤードの方向性についてはなお波乱含みとみられている。したがってインド亜大陸と中国が船舶解体において担っている役割を今後も果たせるのか、あるいは新たに手掛ける国があるのかは予断を許さない。その面からしても、日本が関係したベトナム、フィリピンの挫折は大いに参考となる。ここではベトナムのＤＳＳＣＯをケーススタディしよう。[13]

まず、操業開始時に事業の運営体制がうまく機能しなかったといえよう。この船舶解体事業では、香港側の投資会社であるマイクロス社と同じ資本構成のフェロマー社が存在し、重要な役割を演じていた。九二年七月にベトナムにおける船舶解体作業の委託および製品（伸鉄製品・屑鉄類）の販売を目的に香港法人として設立されたのがフェロマー社である。このフェロマー社からの委託契約に基づいて船舶の解体や伸鉄加工などを目的として設立されたのがＤＳＳＣＯだったという入り組んだ関係にある。

したがって、伸鉄製品などのベトナム国内販売権も当初はフェロマー社が握っていたが、当初の事業計画を上回る水準で解体船価が推移し、さらに低価格のロシアの鋼材が大量にベトナムに流入した。原料高・製品安の厳しい局面となったのである。そこで問題となったのが販売体制であり、ＤＳＳＣＯに一任する体制に切り替えて経営危機を切り抜けた。このことが日本国内で報道されたのが九五年四月だった。[13]そして九八年段階の事業全般の状況ではようやく黒字化し、よほどの環境変化が起きない限りは軌道に乗るとみられたのである。[14]

なぜベトナムで挫折したか

それではなぜベトナムにおける船舶解体事業は挫折したのだろうか。ベトナム国内に伸鉄製品の需要はあった半面、電炉工場が少ないために、鉄屑は台湾、韓国、タイなどに輸出し、舶用機器、非鉄金属類も同様だった。販売の見通しにおいて多少の見込み違いはあったとしても、それだけでは決定的な要因とはいえない。日本からの助成金交付があったにもかかわらず、解体船価が予想以上に上昇し、採算がとれなくなったことが最大の要因だったといえよう。

船主にとって、解体船市場とは経済活動の一環として解体用の船舶を売却する場だった。一方、船舶解体の意義は時代とともに変化し、第二次世界大戦後の日本の状況としては、①戦後復興期＝貴重な鉄源の供給源、②高度経済成長期＝投機対象としての解体船、③低成長期＝鉄屑の回収とリサイクル、と時代区分できるという指摘がある。[15]

二〇〇三〜四年にかけての解体船市場は中国を中心とする旺盛な需要によって解体船価は史上最高の高い水準に張り付く状況がつづいた。ただし、すべて実需に基づいたものであり、日本の高度経済成長期に顕著だった投機の要素はまったくないと言い切れるかどうか。

インド・グジャラート州のピパバブ港における新鋭解体工場の建設工事がストップしていることは先に述べた。その工事遅延の理由の一つに解体船価の高騰がささやかれているといわれる。解体船価の上昇に見合った形で伸鉄材、伸鉄製品の価格が上がらないなかで採算がとれず、急いで工場を稼働させても赤字を生みだすだけだというのである。それが的を射ているかどうかは、市場が投機的になっているかと同様にはっきりしない。ただし、解体船価の高騰がアジアの解体船市場内部に「きしみ」をもたらしていることは確かなようである。

仲鉄材などの需要が存在しない国・地域においては鉄屑価格の水準次第ではしばしば高価な解体船を国際入札で購入できない状況となる。それが日本など先進工業国の船舶解体業者が国際的な解体船市場から退出した要因の一つだった。史上最高といった解体船価の下における解体船の入手競争を視野に入れると、ベトナムが挫折したケースは、経済発展が著しく、伸鉄材や鉄屑の需要が旺盛な東南アジアにおいても、解体船市場への新規参入はきわめて困難だという結論となる。それとともにときに投機的となる面が否定しきれない解体船市場の本質と唱えられ始めた船舶リサイクル・システムの関係をどのように構築したらよいかの難問を突き付けられたといえよう。

行き届いた環境面の配慮

先進国との間で環境や安全の規制水準に格差がある地域において解撤ヤードは成立するといわれることがある。ベトナムにおける挫折例では環境面においてベトナム当局がどのような姿勢をとったか、また、どのような問題が生じたかも参考になる。

ベトナムのケースでは日本、ベトナム双方に当初から環境保全、労働安全衛生面で配慮があったことがうかがえる。進出したのが延長四五〇メートルの岸壁が存在した米軍の軍事物資供給基地跡であり、ベトナム側とパートナーを組むために設立されたマイクロス社に参加したパットマンフィールド（香港法人）の役割は「台湾技術者の確保ならびに派遣」だった。プロジェクト自体が当初から台湾方式すなわち岸壁接舷方式、それもＶＬＣＣの解体も可能という構想でスタートし、操業開始時には一五人の台湾の技術者を擁し、技術移転が図られた。その時点はグリーンピースがインド・グジャラート州のアラン地区における海岸乗り上げ方式による劣悪な労働安全衛生環境を「告発」する以前だった。

ベトナムも環境保全に力を入れていた。ＤＳＳＣＯが外国投資許可をベトナム当局に申請したのは九二年七月末だったが、投資許可発給があったのは九三年一月であり、約五カ月を要した。その間、当局との間に環境対策をめぐって激しいやりとりがあって、油濁や排煙汚染の防止に万全を期すという条件で許可を取得している[16]。また、先に引用した九七年二月のロンドンの海事専門紙の記事中に「ＤＳＳＣＯが購入船のガスフリーを主張し、引き渡し作業の一環として船主が何隻かについて実施した」とあり、そのような経緯のほかに、ベトナムが環境破壊に厳しい態度でのぞんでいたことは確かである[17]。

ただし、ＤＳＳＣＯの主張に関して、同じ記事において「それでは大型船のなかに解体候補になる船はほとんど見当たらない」と記述され、その理由として「多くのＶＬＣＣをベトナムで解体するのは経済的でない。船主の事前作業に数十万ドルを要し、複雑な問題が発生した」とされている。当時の一般的な船主の姿勢がうかがえる。

インドなど南アジアの船舶解体国における環境保全・労働安全衛生面の対策強化はつづくであろう。しかし、それが解体能力の増加とは直接的には結び付かない。それらの国においても、逆に環境破壊の進行を背景として環境保全や労働安全衛生の規制強化によって船舶解体業が成立しにくくなるだろう。となると、時期、方式はともかく、船主にとって船舶解体のための積立金が必要となるのではなかろうかという見方が現実味を増すということもありうる。そこまでいかないためにも、言葉の上だけでない実効的な船舶リサイクルシステムの構築が必要となる。

第二部　日本の船舶解体業の栄枯盛衰

——戦争と鉄屑——

第三章　鉄リサイクルの歴史と船

和鉄から洋鉄、鉄船から鋼船へ

第二部ではまず、日本において鉄がどのようにリサイクルされてきたかを明らかにしたい。そのなかで、第一部との関連において、折りに触れて、鉄リサイクルに廃船がどのように絡んだのかを考察しよう。溶鉱炉によって銑鉄をつくる近代製鉄業は一八五七（安政四）年に釜石鉱山の木炭高炉に始まったとされる。しかし、それ以前にも、日本には主として島根、広島など中国地方から産出する砂鉄を原料とする和鉄が存在し、鍛冶によって甲冑、刀槍、農具、鋳物師によって鍋・釜など日用品の製作に当てられた。それに対して、船の材料といえば世界的にもっともなじみが深かったのは木材であり、日本においても同様である。鉄リサイクルからみれば、和鉄が存在していた江戸期にすでに行われ、古鉄屋が存在した。古鉄屋が幕末から明治初期にかけて、すなわち一八六〇年代から八〇年代にどのような変貌を遂げたかははっきりしない。ただし、大きな変化があったとは思えない。

一方、船体用材料として部分的に使用され始めた鉄材だが、一八二〇年代に英国で始まった鉄船の歴史は短く、五〇年代後半から六〇年代初頭にかけて新しい製鋼法が発明されて、鉄船に代わって鋼船が建造されるようになった。鋼船とは船体の主要構造の材料に鋼材を用いた船で鉄船とは区別される。八〇年代に入って鋼船の建造が増え始めて、二〇世紀には完全に鋼船の時代となって現代に至っている。

日本における木造船リサイクル

その頃の日本における鉄リサイクルといえば、従来の和鉄の循環のほかに洋鉄が加わり始めた時期といえよう。開港以降、洋鉄そのものと製品が輸入され始めた。さらに明治期に入ると、輸入されたレールによって鉄道が敷設され、機械類で工場が動き、あるいは鋼材で鉄橋が架けられたというように、いずれはスクラップとなる鉄鋼蓄積量が増えていく過程をたどった。ただし、日本において明治期、それも早い時期に鉄船、鋼船がどの程度、スクラップ化されたかということになると、一八八四（明治一七）年に設立された大阪商船の開業当初の船舶九三隻のうち、鉄船は興讃丸と電信丸の二隻にすぎなかったし、九三年末までに至る間に解体した二三隻のすべてが木船だった[1]。

木船の船材はクスノキ、マツ、スギ、ヒノキ、ケヤキ、カシ、ツガといったように多彩であり、使用箇所や船価によっても異なっていた。解体された後も、利用価値に違いがあって、値段も同様だったといえよう。船に使用した古材は風雨にさらされて木目がよく出たところから珍重された。「見越しの松に船板塀」なる言葉もあったほどで高価に取引された。

後になっても木船の解体が広く行われていたことは、一九三二（昭和七）年一〇月一四日『大阪毎日新聞』の「今暁の船火事　解体作業中の咸北丸出火」によって分かる。火元は大阪住吉区北加賀屋町、解体船業、さかた組の浜木津川筋の作業場であり、元朝鮮郵船の木造客船、咸北丸（四一八トン）から出火し、隣接の木造解体船二隻に燃え移った後にやっと消し止めた。もっとも、この頃ともなると、木造船の解体ではボイラーその他の機械類や金物は鋼船と同様に需要が見込まれたが、船体に用いられた木材の用途は鉄スクラップに比べて限定されていた。

「古船こわし」への認識

そのような状況だったなかで『日本鋼管株式会社創業二十年回顧録』（一九三三年）に鉄屑の調達に関して見逃せない記述がみられる。著者の今泉嘉一郎（一八六七～一九四一年）は鉄鋼技術者として官営八幡製鉄所で要職を歴任した後、一九一二（明治四五）年の日本鋼管の創立に参加、発展に尽くした人物である。製管会社として鋼塊自給のために製鋼工場も建設しなければならなかったと述べたうえで「しかして、その製鋼方法というと、この場合、平炉製鋼法によることが唯一の策であるが、それには製鋼原料として屑鉄と銑鉄とを購入しなければならぬ。屑鉄は集収に大なる困難はないが、銑鉄はそうはいかぬ……」と、むしろ銑鉄の入手のほうを懸念している。

したがって鉄屑の収集に関する記述は少ないが、一九一二年五月に「深川区〔現在の東京都江東区西部〕の宮崎林造氏古鉄倉庫を視察、次いで亀井町の秋田直吉氏、斎藤宇右衛門氏等の各倉庫を訪問した」とあるほか、六月には大阪に赴き、「岸本氏〔数代にわたって有力な鉄商だった吉右衛門〕に対し、屑鉄の件について、再び充分の用意を乞い、〔自分の〕洋行不在中一〇〇〇トンまでは集収しおくこと、かつ古船『こわし』の仕事を始むることを勧めた」とあるのが目を引く。当時、鉄船、あるいは鋼船が有力な鉄源であることが認識されていて、今泉も着目していたことを立証しているからである。

一方、『神鋼五十年史』（一九五四年、神戸製鋼所）には創立当初の屑鉄調達に関して「アメリカ・フィラデルフィア、のちにイギリスから低燐、低硫屑を選んでそれぞれ輸入していた」という記述がみられる。第一次世界大戦の勃発によって、欧米からの輸入が杜絶し、相当深刻な供給不足を来したが、「間もなく成立した日米船鉄交換商議（一九一八年二月）により、アメリカから鋼材、銑鉄とともに屑鉄も輸入できることになって愁眉を開いた」とあり、その後も輸入に依存していたことが分かる。創立当初とは経営が軌道に乗らなかった小林製鋼所を鈴木商店が一九〇三（明治三六）年に買収し、神戸製鋼所とした時点である。『神戸製鋼八十年』（一九八六年）には鈴木商店が日露戦争の旅順港口閉塞のさいの沈船に目をつけて、引揚権の一部を獲得したが、途中で出資を取りやめて、他に売却した話も載っている。

沈船引き揚げでは平時、事故で沈んだ艦船は海軍が自ら当ったので、海軍内部に潜水を含めた引き揚げに関する技術・技能の蓄積が必要だった。それらは海軍工廠で継承されている。一方、商船の場合、海難救助（サルベージ）業の仕事であり、戦時、敵艦船の引き揚げ（再利用）には日清戦争以降、民間業者が参加した。日露戦争では当時、海難救助業を兼営していた三菱・長崎造船所が大活躍している[2]。

乏しい古鉄流通の関係資料

ところで、この時期、ここでいう屑鉄、あるいは古鉄の流通に関する記述はきわめて少ないといってよい。そのなかで鉄鋼問屋業界全体を取り扱った、あるいは鉄鋼関係の集積地域の団体史が存在する。(3) それらにおいても、古鉄・屑鉄の取引状況の記述は少ないが、それらをまとめるとおおよそ次のような形となる。

島根、広島など中国地方で和鉄が生産され、取引の中心が大阪であったため、現在の西区の立《たち》売堀《いぼり》、それに連なる新町筋には和鉄、後に洋鉄の新鉄を主として取り扱う有力な鉄問屋が存在した。立売堀には、神戸にあった造船所で生じる鉄屑を購入し種類ごとに仕分けして競売するとともに、解体船の鉄材を割り屋という職人が野天で小割りした鉄地金を取り扱う業者も存在したと記述されている。この鉄地金は農具、船釘、錨などの用途に仕向けられたという。明治中期に鉄屑商が進出し、後に新鉄にも手を付けたのが境川、九条筋の鉄商だった。一方、東京においては古鉄に限っていえば同じ時期、隅田川左岸の江東地区、当時の東京市本所区、深川区に古鉄を取り扱う問屋が集中立地し始め、そこには新鉄の問屋も存在した。鉄屑は選別されて、製鋼用原料と上物と称する再販用鉄材に分けられて処分された。初期の本所鉄鋼業界では船の解体品などを一山いくらで買って品種別に分けて売る古鉄屋、そのなかに同じ古鉄でも寸法の揃ったものを集荷する上物屋が存在したという表現がみられる。ちなみに上物は機械器具の製造などに用いられた。

欧米のリサイクル事情

日本がそのような状況であった頃、欧米において鉄屑の流通はどのような状態だったのだろうか。第一次世界大戦中、あるいは戦後の欧米の鉄スクラップ事情を知るのに格好の資料がある。先に紹介した今泉嘉一郎が著した『鉄屑集』（一九三〇年、工政会出版部）である。同書から引用した土木学会における講演記録は一九一八（大正七）年一月の「日本製鉄事業の将来に於ける二大問題」であり、調査報告書は二七（昭和二）年に鉄鋼協議会に対して提出した「独逸《ドイツ》製鉄事業経済真相」の関連箇所である。

第一次世界大戦中に行われた土木学会における講演では、古鉄が当時、どのように認識されていたのかを示す部分を要約した。今泉は「鉄の製品は物によっては五〇年でも一〇〇年でもその用を勤めますが、一通り鉄が社会に行き渡って、少し贅沢に使われるようにもなると、古物として取り扱われてくるものが多くなります。とくに今日の製鋼法では、古い鉄をもなかなか有効に原料として使用しますから、この循環が一層早いのであります」と一般状況を述べる。そして「アメリカやドイツにおいては近年、なかなか容易ならぬ数量の古鉄、例えばアメリカではおびただしい量の鉄道のレールが市場に現れています」と米国ではレールが有力な古鉄の発生源となっていることを指摘している。

この講演の冒頭で、今泉自身が第一次世界大戦に伴う米国の鉄輸出禁止について、日本にとって「長期的にみれば、かえって好都合かもしれない」と述べたように、戦争は鉄鋼業を飛躍的に発展させてきた。少し長い年代幅をとって世界と日本の鉄鋼の生産量を示せば「銑鉄の生産量は、一九〇〇年から一九五〇年までの間に四〇〇〇〇万トンから一億三〇〇〇〇万トンにまで増加し、同時期、鋼の生産量は三〇〇〇万トンから一億九〇〇〇万トンにまで増加した」「日本にいたっては、今世紀当初の鋼生産量は微々たるものであったのが一九四四年にはほぼ六〇〇〇万トンを生産していた[4]」となる。

今世紀とは二〇世紀であり、日本について用いられた一九四四年という年は太平洋戦争の末期に当たる。いずれもが第一次と第二次世界大戦を中に挟んだ時期の数字であり、この二つの戦争が鉄鋼生産量を飛躍的に拡大するのに寄与したことはいうまでもない。ちなみに第一次世界大戦前の一九一〇年に日本の粗鋼生産量は二五万二〇〇〇トンにすぎなかったが、大戦後の二〇年には八一万二〇〇〇トンになった。

今泉の調査報告書に戻れば、講演よりもほぼ九年後の二七（昭和二）年に提出されているが、第一次世界大戦で敗戦国となったドイツの古鉄利用の状況が興味深い。今泉は「ドイツは鉄鉱について貧弱なることの当然なる結果として、その製鉄業の原料として古鉄が甚だ主要なるものとなった」と全般的状況を記述したうえで、鉄屑を多く用いる平炉鋼が燐を含む鉄鉱石を主原料とするトーマス鋼よりやや多量の生産に達したと指摘した。そして一九年から二三年にかけて平炉鋼の産出がことに増加したのは「戦争古鉄、解船古鉄がなお多量に存在し、ことに戦後当初の数年間においては、石炭及びコークスの大欠乏という関係から各製鉄所は主として平炉鋼を製造することに努めた」と記述する。

ここで強調したいのは戦争が大量の鉄鋼需要を生みだすとともに、大量の鉄屑を発生させる事実である。鉄屑は国際商品なので第一次世界大戦時の戦争古鉄が時期がだいぶ経った時点においても、日本に輸入されていた。一九三三（昭和八）年一一月一一日『横浜貿易新報』の「ペルシャから輸入した鉄屑の中に物騒な代物　投下爆弾や手榴弾など続々と出る　日本鋼管会社の原料置場から」がそれを立証している。約二トンも現れたので川崎署に届け出たが、八月中旬にペルシャのバカラ港から輸入した鉄屑三六〇〇トンに紛れ込んで来たもので、爆弾は欧州大戦当時の不発弾だったというのである。

レールや缶詰にみる鉄屑流通

これまで述べた欧米の鉄屑事情を踏まえたうえで第一次世界大戦後、昭和初年に至る間、おおむね一九二〇年代から三〇年代初めにかけて日本国内の鉄屑流通に生じた変化をみよう。市中屑のうちの加工屑に関していえば、工業製品の輸入が多かった時期には、国内では発生量が少ない。ただし、製造業の発展とともに次第に増加したとみてよい。老廃屑にしても、大きな構築物が少なかった頃だったから、関東大震災のような特殊な要因によるほかは発生量は少なかった。

ここで市中屑、そのなかでの老廃屑に関してやや詳しく述べると、今泉が米国で大量に発生していると指摘したレール屑の状況は日本にはあてはまらなかった。それを実感したのは北の国、ＪＲ北海道の留萌駅で見た光景である。改札口のすぐ横に一九〇七（明治四〇）年のドイツ製から二三（大正一二）年のアメリカ製まで四本のレールが展示されている。いずれも留萌駅構内で再用レールとして使用されていたものであり、函館本線につづいて留萌本線、そして最後はそれこそ長期間にわたって留萌駅構内で用いられた。

そのうちの一本だけが一九一一年の官営八幡製鉄所製である。レールは昭和初年まで国内需要が生産を上回り、輸入に依存したという説明が付いているが、二七（昭和二）年九月二四日『大阪毎日新聞』の「今までの外国製品をしのぐ純日本製のレールが出来る…」では、官営八幡製鉄所製の鉄道省規格レールの品質が著しく向上したとしたうえで、それまでの状態については「日本の鉄道は現在、省線、私鉄合計二万五〇〇〇マイルのレールを敷設しているが、二、三年前までは日本製のレールは諸外国のものに比し、すこぶる劣っていたため、毎年二六万トン以上の輸入をしていた」とある。

そうはいうものの、一九二〇年代から三〇年代初めにかけて、日本において老廃屑に全く変化がなかったわけではない。三〇〜三一年頃、日本でも自動車屑がボツボツ出回ってきたが、フェンダーの始末に手こずっていた。三〇年一〇月一〇日『大阪朝日新聞』に「使い古し、月に百八十台　流石に多い廃車数　府の自動車検査」によると、府交通課による定期検査において廃車と決定されたのと営業主が検査を受けずに自ら廃車したのを合わせると一カ月一八〇台ずつ自動車が使い捨てられていることが判明した。とすると、日本でも自動車屑がボツボツ出回ってきたというのもうなずける。ただし、廃車とするまでの期間が長かった、あるいは外車が圧倒的に多く、使用できる部品は可能なかぎり再利用していた状況からすると、自動車屑の量は少なく、また形態も現在とは違っていたといってよい。

とすると、東京の埋立地の海岸に打ち寄せた缶が、鉄屑処理におけるプレス機導入の発端だったという話が残っているブリキ屑のほうが利用が少し早かったし、量的にも多かったとみられる。[5]二五（大正一四）年一〇月二三日『東京朝日新聞』の「経営百態　カン詰業〔上〕　安材料の集まる広島」には全国で二〇〇〇以上の製造家があるらしいとしているからである。そのなかで「広島の大小百余軒の同業者は季節には松たけをやり、朝鮮さばが来ればさばをやる。瀬戸内の赤貝が安ければ赤貝に移り、合間は野菜や牛カンを作る」と当時の状況が描かれている。

一方、『産業振興六十年社史』（一九九八年）にも興味をひく記述が見られる。同社の前身は東京の有力な鉄屑問屋だった徳島佐太郎商店だが、佐太郎の養子、偉次郎（二代目・佐太郎を襲名）は二八（昭和三）年に鉄屑結束機、三四年には徳島式水圧プレス機を考案した。ここにも以前はブリキ屑、自転車屑は製鋼原料として顧みられなかったとある。

始まった米国屑の大量輸入

『鉄屑カルテル十年史』（一九六七年、鉄屑需給委員会）は鉄屑利用の推移に関連させて、日本鉄鋼業を時期区分し、第一期を昭和初期から太平洋戦争に入るまでの第一次発展期とし、それは大量の輸入屑によってなされたと規定している。それ以前を時代区分の対象にしていないのは、鉄鋼生産において鉄屑は必要不可欠の存在だったが、鉄鋼生産の規模が小さく、個別の調達についてはともかく、量的には大きな課題もなく推移したからだとみてよいであろう。その頃から日本における粗鋼生産量は一九二五（大正一四）年の一三〇万トンが三五年には二二八万九〇〇〇トンと飛躍的に伸び、鉄屑の需要度もおおいに高まった。その結果、同書は「一九二六年には八万トンにすぎなかった鉄屑輸入量は三三年には一〇二万トンとなり、鉄屑消費総量一九一万トンのうち五四％を輸入に依存するようになった」としている。

一九二〇年代後半、すなわち昭和初年以降、鉄屑輸入が増加したことは総合商社の社史などにおいても記述されている。たとえば『三菱商事社史　上巻』（一九八六年）は「屑鉄の取引は大正時代から多少はあったが、当社が本格的にこの取引に力を入れ始めたのは昭和四（一九二九）年からといってよい」としたうえで、その後、取扱高は増えつづけ、一九三七年には日本の鉄屑輸入量約二四〇万トンのうち、六〇万トンを占めるまでになったと記述している。

鉄屑のユーザーの側の証言としては当時、官営八幡製鉄所長官を務めた中井勵作の『鐵と私――半世紀の回想』（一九五六年、鉄鋼と金属社）がある。中井は「官営八幡製鉄所は最初、自分の工場から出るリターン・スクラップ（自家発生屑）と内地屑を使用していた。ところが、鉄の需要が増えて増産するにつれ、スクラップを多く入れると製錬も早くできるので鉄屑輸入をするようになった。輸入の始まったのは大正末か昭和二年頃である。輸入先は主として米国であり、欧州物は船賃の関係で少なかった」と述べている。

輸入されていた古船解体屑

その後の動き、とくに船舶の解体屑に触れた報道を記しておこう。三三（昭和八）年五月五日『神戸新聞』に「アメリカの古鉄　盛んに日本へ　古貨車二千輌を屑鉄として　運賃も市価も昂騰」が載っている。シカゴの屑鉄会社がサウス・イースタン鉄道会社から大量の古貨車を購入して日本へ輸出したという内容だが、輸入鉄屑を取り扱っている神戸の長谷川商店輸入部の談話が興味深い。「アメリカから輸入されるのは、たんに古貨車のみとは限らず、古貨車の壊したのをはじめ、古いレール、汽船の解体されたもの、そうしたものが随分と入ってくる。最近になって始まったというわけのものではない」と述べている。ここにおいて、汽船の解体屑が輸入されていたことが示されている。

米国から購入した鉄屑の中に船舶の解体屑が含まれていたことは三四年一〇月二四日『神戸新聞』の「大戦に活躍したエドナ号の残骸　奇しくも当地河崎商店へ…」によっても裏付けられる。神戸の貿易商、河崎商店がロサンゼルスの解体船商から購入し、尼崎製鋼所に納入する約二〇〇〇トンの鉄屑が第一次世界大戦中に船名や掲げる国旗を幾度も変えながら、ドイツのために働き、大きな国際紛争を巻き起こしたエドナ号の残骸だったというのである。

第四章　解体のルーツを求めて

赤錆びた「太平洋の女王」

一九三三（昭和八）年当時の横浜港といえば、山下公園に繋留されている氷川丸に面影をとどめる豪華客船の時代であり、日本の代表的な海外との接点だった。みなとみらい２１中央地区にある横浜マリタイムミュージアムの展示ビデオ「横浜港を通った人びと」で検索すると、その年にはダニー・ケイ、バーナード・ショー、ゾルゲ、鶴見祐輔、マルコーニー、柳宗悦が出港あるいは入港と形はさまざまだが、この港とかかわった。

あえて、その人たちが当時、どのような立場にあり、どう評価されていたかは個別に記さない。ダニー・ケイ（一九一三〜八七年）についてだけいえば後年、国際的な舞台・映画俳優、テレビ・タレントとして活躍したが、この時点ではアジアに巡業中のショー一座の一員にすぎなかった。

ここでは、その年六月、豪華客船の華やかな出航風景をよそに、一隻の赤錆びた船が繋留されていた長崎港から横浜港へ戻ってきたことに注目しよう。かつては「太平洋の女王」と謳われた東洋汽船の豪華客船であり、その後は日本郵船が所有していた天洋丸（一万二三四〇トン）である。その船が解体に入った当日のようすを伝える記事が第二次世界大戦前の代表的な地方紙だった『横浜貿易新報』に載っている。六月二五日「失われゆく天洋丸……解体の第一日＝哀しき記者の視察」である。そのさわりを引用しよう。

きのう〔二四日〕朝、金七万円の解体費でいよいよ解体作業に出ることになったその天洋丸を、浅野ドックの鬼塚〔弥太郎〕技師の案内で繋留されている鶴見区末広町埋立沖海上にランチを走らせる。見える、晴れやらぬ朝靄のなかに、昔のままの面影が……きのうが解体はじめで五〇人の職工が甲板上のクレーンやマストをガスで焼き切り、ライフ・ボートを三〇噸《トン》のクレーンで吊り下ろす、ユカをめりめり剥がす等々の作業に従事しはじめ、二、三日すると一〇〇人以上の職工が、ところかまわず、もっとも手っ取り早い方法で船体を虐《さい》なんでゆく。そうして、この作業が半年もすぎると天洋丸はこの世界から姿を消して、ある一部は溶鉱炉の中に入り、あるいは丸棒、平板となって更生の世界を求めてゆくのだという。

恐れ多いことであるが、朝香宮様が起居遊ばされたという特別室、マダム・バタフライの歌手として有名な三浦環夫人が旅情を慰めるために唄ったというライブラリーには金一〇万円のグランド・ピアノが置き忘れられたように侘《わび》しく埃にまみれている。かつては豪華を極めたファストクラス・サルンも化物屋敷かと思われるばかりに荒らされている。これが『太平洋の女王』の成れの果てであろうとは……。

天洋丸。1908(明治41）年、三菱・長崎造船所で竣工直後に造船所沖で撮影

文章はなおもつづくが、そのなかではキャビンの装飾品、ベッド、洋服タンス、鏡などが買い主の東洋商事、東京シヤリング両会社の手で七月五日頃、デッキに陳列して競売に付すことになっていると記されている。

浅野総一郎と横浜港の縁

天洋丸を一九〇八（明治四一）年に三菱・長崎造船所で竣工させた東洋汽船は浅野総一郎が先発の日本郵船、大阪商船を追い抜こうという意気込みで設立した。時期を経て、第一次世界大戦後の不況と北米航路の激しい競争の影響をもっとも強く受けたのは東洋汽船である。主要航路であるサンフランシスコ線就航の天洋丸も船齢を重ねて、速力においても到底、外国船に及ばなかった。こうした状況の下で二六(大正一五)年一月、日本郵船は東洋汽船からサンフランシスコ線および南米西岸線の営業と使用船八隻を譲り受けた。その後の天洋丸は海運界の不況によって、三〇（昭和五）年に繋船し、船体を寂しく潮風にさらしていたのである。

そのような天洋丸だからこそ、解体作業に入る前にも『横浜貿易新報』の紙面を賑わせた。三三年六月一一日「天洋丸　遂に解体の運

命　浅野翁の銅像が見下す　浅野ドックで宿命的な最後」につづいて、六月一四日「海の哀話せめて俺達の手で天洋の死水を…」が載る。そこでは「天洋丸を買い取った東洋商事とは昔、東洋汽船華やかなりし頃の同社員のみで成り、天洋丸売りに出ると聞くや、せめて浅野翁遺愛の天洋丸はわれらの手で死水を取ってやりたいと安田〔銀行〕から工面したりして、小会社ながら、四五万円の都合をつけて買い取ったもので一五日、最後の入港に際しては、東洋商事の社員はむろん、京浜在住の旧東洋汽船の社員連はそろって出迎え浅野翁の墓参もする」という悲しくもまた美《うるわ》しい話となっていた。

横浜港との関係について補足すれば、総一郎は東洋汽船を設立しただけでなく、京浜工業地帯の発展に活躍した人物でもあった。一九〇八年の鶴見埋立組合の設立に始まり、その後身の東京湾埋立（株）が完成させた一五〇万坪に及ぶ臨海工業地帯は「浅野埋立」と称された。

「天洋丸を解体したのは祖父」

じつはこの記事に接する前に、祖父が天洋丸の解体を手掛けたという青柳篤幸・青柳鋼材興業相談役に電話取材をしていた。ところが『横浜貿易新報』の記事には「青柳」という名前は出てこない。解体に関係しては浅野ドック、東洋商事、東京シヤリングだけが登場する。浅野ドックは浅野総一郎が設立した浅野造船所の一部門であり、東京シヤリングは浅野造船所の子会社として一九二六(大正一五)年、東京・月島に設立され、鋼板剪断《せんだん》事業を開始した。鋼板剪断とはシャーリングともいわれ、厚板を切断加工・販売する業種である。さらに同社は二九（昭和四）年に東京府南葛飾郡砂町に圧延工場を設置し、伸鉄業にも乗り出していた。一方、その当時、浅野造船所には製鉄部門があり、その後の三六年に鶴見製鉄造船と改称、さらに四〇年には日本鋼管に合併された。東洋商事は東洋汽船の元社員によって構成されていた。いずれにしても、それら三社は浅野財閥とゆかりがある。そのなかで「青柳」はどのような役割を担ったのだろうか。二〇〇一年三月下旬に東京・品川区の青柳氏の自宅を訪問、それまでの電話による取材の疑問点を聞いた。

鉄スクラップを取り扱っていた祖父の菊太郎は横浜で青柳菊太郎商店を営み、老朽化した海軍工廠の艦船や民間の船舶のほか、陸海軍の構築物、鉄道院、あるいは鉄道省の構築物の払い下げ入札に参加し、落札して解体していました。私は一九二六（大正一五）年の三月生まれですが、小学生の頃、天洋丸の解体引き渡し式に家族と一緒に出ました。天洋丸のブリッジに立った記憶が鮮明にあります。

現在は埋め立てが完了して日本鋼管の京浜製鉄所が移転している扇島と陸地の間の水路に引き込んで解体をしているようすも見ました。扇島はまだ小さい島だった。その現場に祖父に連れられて行ったのです。すでに解体が進み、キール（竜骨）など船体の小部分が残っているだけで、すべてを陸上に引き揚げる直前の段階だった。あの天洋丸がこんなになってしまったのだと、いまでも強く印象に残っています。

新聞には青柳の名前は出てこないとのことですが、そのいきさつが昨日、分かりました。

東京シャリングにいて、昔から知り合いの九〇歳になられる方と一緒にゴルフをしたのですが、天洋丸のことで訪ねてくる人があるという話をしたら、その方が当時のことを説明してくれたのです。青柳と一緒にやったと明言したうえに、解体作業は青柳の下請けがしたとのことでした。青柳が解体船や鉄スクラップに関しては詳しいということで、組み込まれたのだと思います。

第二次大戦後の輸入解体船に商社が介在したように、この種の取引は複雑でした。談合もあったと聞いています。落札にダミーを使った、あるいは落札したさいの名義人がすぐ転売したり、解体を下請けさせた事例など、いろいろな形態があったようです。

艦船では潜水艦の解体もしています。内部が狭く汚かったので、こんなところで何日も暮らしていけるのかと子供心に強く感じました。そのほかに駆逐艦を二隻とこれも名前は覚えていないが、駆逐艦よりも大きい艦船を解体したことがあります。祖父は三八（昭和一三）年一月に死亡し、それ以降は船舶の解体はしていません。スクラップのほうは祖母が戦時中の四三年まで細々と取り扱っていましたが、闇商売だと密告されたのを機に手を引きました。

話は遡りますが、青柳がシャーリングを始めたのは二三（大正一二）年七月に横浜から東京市本所区花町、現在の墨田区緑四丁目の竪川《たてかわ》沿いの土地に進出したときからです。その直後に関東大震災にあったわけですが、立て直してつづけているうちに、たんにシャーリングだけでなく、伸鉄屋に賃加工させて丸棒としても販売するようになって、やがて伸鉄業にも進出した。それで敗戦後はシャーリングと伸鉄業が青柳の事業となったのです。

突き止めたチーク材の行方

防衛研究所図書館の史料閲覧室(以下、防衛研究所)に残っている文書によると、一九三〇(昭和五)年二月二六日に波号第一潜水艦、波号第二潜水艦が横浜市神奈川区七軒町、青柳菊太郎にそれぞれ八四〇〇円、一万八四〇〇円で売却されている。青柳さんがいう潜水艦はそのどちらかであったに違いない。

しかし、天洋丸となると、一連の新聞報道のなかでもあやふやな部分が出てくる。一応の脈絡をつければ、東洋商事が四五万円で買い取った。三三年六月二一日『神戸新聞』の「郵船古船四隻里帰　東洋商事買船」では、金額には触れていないが、天洋丸など四隻が日本郵船によって東洋汽船の傍系会社である東洋商事に売船されることになり、すでに第一船の天洋丸は引き渡されたとあり、この売買は疑う余地がない。横浜港に曳航された後は浅野ドックが海上におけるおおまかな解体をし、陸上の細かな解体は東京シヤリングと青柳菊太郎商店、実際は青柳の下請けが手掛けた。そのさい、生じるのは加熱・圧延して丸棒などにする伸鉄材と製鉄所の溶鉱炉(高炉)、あるいは平炉で用いる鉄屑だが、伸鉄材は東京シヤリングと青柳菊太郎商店で用い、鉄屑は浅野造船所の製鉄部門で使用したということであろうか。

当時は船体以外の調度品にも、多くの買い手がついた。天洋丸においても、その話題が『横浜貿易新報』の紙面をしばしば賑わせている。三三年六月二七日『太平洋の女王』のベットが欲しい　警察病院　天洋丸の調度品に目をつける」では、開業を前にした警察病院が丈夫で具合の良い天洋丸のベッドを目掛けて動きそうだという内容である。六月二八日「或る転向　天洋丸の調

度　警察病院へ　湯殿も鏡も時計も」では、ベッドのほか、装飾用のチーク材をはじめ、バスルームをそのままに病院に持ち込む、大広間の鏡、時計、そういったものが、病院にみな転向を試みようとしていると話が大きくなる。水上署が天洋丸の救命艇に目をつけ、このボートを操練用に三隻、買い入れることで話を進めているとの報道もみられる。

ところが『横浜貿易新報』には競売結果に関する記事が見当たらない。警察病院とは三四年五月に神奈川県警友会が警察官を対象として横浜市中区山下町に開設した警友病院のことであり、一九九六（平成八）年に「みなとみらい」地区に新築・移転し、現在は平仮名のけいゆう病院になっている。問い合わせたところ、作成年月日不明の「警友病院建設概要」という文書があり、そこには各室の床に使用したチーク材は天洋丸の解体材を支給し、加工製作して張ったという記述があるが、ベッドなどについては分からないとのことだった。

いま、横浜において天洋丸をしのべるものとしては、日本郵船歴史資料館にタイムベルが存在する。タイムベルとは通常、船橋に吊るされ、当直交代や火災その他非常時に利用されたという。天洋丸の字が刻まれている。また、横浜マリタイムミュージアムには一〇〇分の一の縮尺の天洋丸の模型が展示されている。

商業港から工業港への変貌

天洋丸が解体された当時の横浜港の状況に触れると、昭和恐慌が進行するなかで、神戸港の生糸取り扱いの開始や神戸港、大阪港の綿布輸出の目覚ましい発展によって、横浜港の全国貿易に占める割合は低下した。しかし、関東大震災の復旧工事と併せて、第三期拡張工事が進行して横浜港と一体となった観光スポットでもある山下公園も一九三〇年にオープンしている。

ここでは重化学工業が主体の京浜工業地帯の発展によって、横浜港が商業港から工業港への展開を見せていたのが重要である。「浅野埋立」の完成とほぼ同時期に横浜市自体が着手した臨海工業地帯の造成工事、当時の言い方では子安生麦大埋立が進み、三七年六月三日『横浜貿易新報』の「海に・陸に・空に轟く港の慶び　盛大を極めた埋立竣工祝賀式」となって実を結んだ。蘆溝橋事件をきっかけに日中全面戦争に入るほぼ一カ月前のことである。

それから四年余り後に始まった太平洋戦争によって横浜市街地は空襲による大被害をうけたが、意図的にか、臨海部の工場や港湾施設の被害は比較的軽かった。ただし、占領軍の港湾施設の接収は港湾機能に大きな影響を及ぼした。五三年三月、エリザベス女王の戴冠式出席のために皇太子、現在の天皇明仁がプレジデント・ウイルソン号で大桟橋を出港している。そのとき、横浜港はかつての客船時代のように華やいだ。その後、内防波堤の外に本牧埠頭と関連工業用地が完成し、さらに根岸湾埋め立てが行われるなど、横浜港は一段と工業港化した。

そびえる日本一の超高層ビル

とくに一九八〇年代半ば以降の横浜港の変化は著しかった。横浜ドックの名で市民に親しまれてきた三菱・横浜造船所が八三年三月に姿を消して更地になった。この造船所跡地に加えて、八四年二月から七六ヘクタールに及ぶ埋め立てが開始された。事業費総額二兆円を超すといわれた

「みなと未来２１」の大プロジェクトのスタートだった。

それから二〇年経過した横浜港の変貌ぶりは目を見張るばかりである。本牧と大黒の両埠頭を結び、八九年二月に開通した横浜ベイブリッジは港の景観を一変させ、大桟橋の国際客船ターミナルがオープンし、みなとみらい２１地区にはいくつもの超高層ビルがそびえ立つようになった。そのなかで一際目立つのが九三年に完成後、高さ二九六メートルと日本一の座を保持しつづけている「横浜ランドマークタワー」である。七〇階建てで、一階～四八階はオフィス、四九階～七〇階はホテル、六九階には日本一高い展望フロアがある。東京湾に浮かぶ人工島の「海ほたる」や冬の晴れた日には富士山までも見渡せる。新港埠頭が赤レンガ倉庫を生かしたショッピング街に変わり、高島埠頭、山内埠頭は供用廃止された。みなとみらい中央地区を起点とする「汽車道」、さらにみなとみらい新港地区から山下公園に至る「山下臨港線プロムナード」と、散策路もできて横浜港の変貌は著しい。

戦前の解体現場の証人に会う

東京、横浜でインタビューした人は異口同音に「解体の本場は大阪だった」という。かつて横浜で船舶解体を手掛けていた甘糟産業を訪れたとき、第二次世界大戦前の状況に詳しいと紹介された細田重良さんに二〇〇〇年一一月、大阪に行って会った。細田さんは次のように語った。

一九一九（大正八）年に藤井寺の生まれの私が解体船業界に入ったのは三三（昭和八）年

一〇月のことです。そのとき、大阪の船町にあった甘糟商店の大阪出張所に勤めました。当時の甘糟は横浜で海損貨物（いわゆるダメージ品）、大阪では解体船のスクラップの取り扱いを主体に営業していました。それ以降、太平洋戦争を挟んで、戦前は大阪、戦後は横浜で、九二（平成四）年まで甘糟に勤めて、現在も関連会社に籍を置いています。

解体船業界に入った当初は職人上がりといわれた北川浅吉の北川組と潜水士から身を起こした岡田勢一の岡田組が大正区船町にあった木津川河口の埋立地の一角に隣り合わせで解体工場を設けていました。現在、中山製鋼所の本社工場がある場所に当たります。

解体船の購入には多額の資金を要した関係で、北川組、岡田組とも、もともとはオーナー、いわば金主が存在しました。そのオーナーですが、北川組では神戸の宮地商店、大阪の奥小路商店、東京の岡田菊治郎商店などです。岡田菊治郎は大阪における解体船事業の収益性を認識し、東京のほうでも始めた経緯があります。一方、岡田組は横浜の甘糟商店、大阪の空海事と関係が深かった。

作業内容を基準にすると、海上で船を解体し、資源を生かす作業をおこなうのが解体船業者、沈船を海中で爆破して引き揚げる作業——これには潜水士が必要となりますが——をするのが解撤業者、沈船をある程度、現状で引き揚げるのがサルベージ業者という区別がありました。(1) そのなかで解体船業者の経営は、オーナーからの請負と自己計算による船の購入・解体の二つの面があったということになります。

勤め始めた頃の甘糟商店の大阪の出張所は岡田組の解体工場内にあって従業員は六人ほど

でした。当初、岡田組に下請けさせた解体作業から生じる鉄屑を阪口定吉商店に引き渡す仕事に携わりました。人夫が担いできた鉄屑を看貫（看貫秤の略）で計量し、阪口定吉商店のハシケに積み込む。阪口定吉商店は平炉を保有していた神戸製鋼所、川崎造船所の直納問屋でしたから、甘糟の側からすると、阪口に口銭を払って平炉メーカーに納入するという形になります。

鉄屑のほかに解体船からは厚板、中板、薄板の伸鉄材や非鉄金属のスクラップなども生じます。厚板は伸鉄工場に、薄板は広島県の鞆《とも》の船釘製造業者にといったように直接納入していました。非鉄金属は銅、真鍮等を細かく解体し、問屋を経由して伸銅メーカーに行く。すなわち鉄屑の直納問屋、伸鉄メーカー、船釘製造業者、非鉄金属屑の問屋と合わせて四通りの取引が存在したことになります。

解体作業は機械等も少なく、僅かに三〇トンの海上クレーンだけでしたから、力仕事でした。鉄よりも真鍮類のほうが値がよく、労務者が弁当箱に入れて持ち出さないように監視するのも重要な仕事でした。やがて五〇トン、八〇トン吊り上げのクレーン船ができ、三〇〇トン以上の大型船の解体も効率よくできるようになりました。三五年頃だったと思います。解体の方法といえば、海上のクレーン船で吊り上げが可能な大きさに上部から切断し、陸上に揚げて切断、分解していました。最後の船底となると、造船所のドックに入れると、一日いくらの使用料を取られ、経費がかさむので、河岸の浅瀬に満潮時に引き揚げて、干潮時に切断する方法でした。これも金を出した商人の考えた結果でしょう。

聞いた話ですが、仲鉄工場が盛んになる前は、オーナーあるいは解体業者は、ほとんどを鉄屑として製鋼所の炉向けに売却しなければならなかったので、なかなか採算が合わなかったといいます。市中から発生する鉄屑は集荷だけですからコストが低かった。それに比べて、われわれはコスト高ゆえに随分泣かされたということです。

北川組、岡田組のほかに、解体船業界では木村商店、大阪海事、日本船鉄合資などというのもありました。阪口定吉商店も一時、解体船事業に手を出したが、鉄屑の取り扱いに戻りました。仲鉄材向けの出荷が増えて以降の解体船業者は解体した後、いかに細分してそれに適したルートで販売するかの競争でした。

甘糟と岡田組の関係をいうと、先にも言ったように、岡田組は当初、甘糟の下請けをしていました。その一方、甘糟は北川組も仕事がないときには下請けに使っていました。甘糟からいうと、岡田が七〇％、北川が三〇％といったところで、岡田のほうがずっと多かったということになります。やがて岡田組は自分でも解体船を購入するようになって、それをきっかけに大きく発展しました。

太平洋戦争前、甘糟の大阪における解体船事業は年間四隻か五隻、五〇〇〇トンくらいのペースで国内船、輸入船ほぼ半分の割合でした。勤め始めて少し後のことになりますが、解体は木津川河口の藤永田造船所の隣の平林といっていた埋立地に接した浅瀬で行い、船底は満潮のさいに陸地にのし上げて切断するようになりました。その頃も岡田組に下請けさせており、岡田組の解体工場が船町から木津川対岸の平林に移転した関係からです。

甘糟の戦前の解体船事業は四一年くらいまででした。国内船は船主との直接交渉の形が多く、輸入船は神戸にいた仲介業者のシッピングブローカーがほとんど海外にオファーしていました。

大阪でも艦船を解体

細田さんが話した内容のなかで、後の記述との関連において、解体船業、解撤業、そしてサルベージ業は使い分けられていたと指摘している点に留意する必要がある。官庁や業界では現在でも「解撤」という用語がよく用いられるが、一般にはなじみが薄い。船舶解撤事業促進協会のリポートでは次の記述がみられる。「解撤」とは沈没や坐礁の事故船を「解体」して「撤去」することを意味する。解撤はサルベージ会社の仕事の一部である。それに対して浮いている船舶をスクラップにするのは解体といい、解撤とは区別する。現在では解体専門の会社も解撤会社と呼ばれている……。ただし、これが普遍的な定義かどうかには確信がもてないし、第二次世界大戦前の新聞報道においても使い分けが曖昧で、このような厳密な使い分けをしていない。

次に、細田さんとの会話はもっぱら商船の解体の話に終始した。大阪では艦船の解体はしなかったのだろうか。大阪に出向く前に新聞記事、それも火事の報道によって、艦船も手掛けていた事実を確認していた。二九（昭和四）年一〇月三一日『東京朝日新聞』の「廃艦『最上』焼く」である。前日の正午すぎ、大阪住吉区北加賀屋町地先木津川尻（河口）に繋留解体作業中の最上から発火し、二時間後にようやく消し止めた。タンク外板を焼き切り作業中、タンクわきの小溝に沈でんしていた重油に酸素ガスの火花が飛んで引火した。

最上はかつて一等砲艦だった。大阪発行の新聞では、もっと詳しくようすが分かるのではないかと大阪府立中之島図書館で確かめた。『大阪毎日新聞』によると、最上の繋留場所は木津川尻の佐野安ドック裏であり、港区九条南通の田中運市が解体作業中だった。この人物がどのような経緯で解体にかかわったかが知りたいところだが、そこまでは突き止められなかった。

木津川・尻無川にみる地域特性

細田さんが証言したように解体現場は時期によって変化はあったが、第二次世界大戦前は木津川河口にあった船町（大正区）、尻無川河口の鶴町（同）、平林（住吉区）など地域的に集中していた。最上が火事を起こしたのも木津川尻だった。そのあたりの変化について歴史を遡れば、内務省地理局測量課が一八八六（明治一九）年に作製した「大阪実測図」を見ると、河口に近い木津川両岸は当時、いずれも大阪府西成郡に属し、河口は右岸、左岸ともに新田が連なっていた。それが一九一四（大正三）年に始まった第一次世界大戦を機に一変した。帆船、木造船の造船所として知られていた木津川両岸が鋼鉄船の建造も引き受けるとともに、尻無川の改修が造船所の新興を促したからである。

一方、明治初期には、安治川筋に川口波止場があるだけの一河川港にすぎなかった大阪港の第一次修築工事が始まったのは一八九七（明治三〇）年だった。第一次工事は一九二八（昭和三）年度にかけて実施されたが、南・北防波堤をはじめとする外郭施設の築造が進行し、一九〇三（明治三六）年に大桟橋の一般供用が開始され、貿易港としての格式を備えている。港営施設の築造が及ばなかった木津川から尻無川にかけた地区についていえば、港湾の浚渫土砂による船町、鶴町、福町の埋立地の形成が及ぼした影響が大きかった。臨海工業地帯に進出した『帝国化工６０年史』（一九八〇年）に載っているコラム「大正初期の船町・鶴町付近の風景」は次のように記述している（一部省略）。

当社所在地の大阪市西区の船町・鶴町付近は「西区南恩加島地先埋立地」と呼ばれた。大正五（一九一六）年ごろは古代の「なにわの葦」をしのばせる見渡す限りの葦原であった。冬は鴨がたくさん住みつき、梅雨どきには子鴨が木津川運河のあちこちで泳いでいるかわいい姿が見られた。当時、木津川尻の埋め立て以前で、藤永田造船所以南は海で水は美しく、魚もよく釣れた。

そのころの船町には旭造船、日下造船、新田造船、大阪造船、村尾造船、陸軍糧秣廠等があった。電話は開通していたが、交通機関は朝晩、築港からの市営ランチが唯一の便で、各社はそれぞれランチやモーターボートを運航していた。水道設備はなかったので、飲料水は築港桟橋から汽船への給水船で配給し、各工場は貯水タンクを用意して一週間ごとに給水を受けていた。

ちなみに鶴町、船町、福町（現鶴町五丁目）などの町名は一九一九（大正八）年三月に名づけられた。当時は西区だったが、区の再編成によって現在は大正区となっている。

船町では造船と解体が併存

ここで木津川運河の船町側に立地した工場の状況を二九年（昭和四）当時の地図でみると、大阪鉄工所築港工場、日本人造肥料、日本鋼管、帝国人造肥料、中山薄鉄鈑工場、星製薬が記入されている。そのうち、中山薄鉄鈑工場は尼崎で創業し、当時は中山悦治商店といっていたが、ここに大阪唯一の薄板工場を新設したばかりだった。

この地図には木津川の右岸、左岸それぞれに藤永田造船所の工場が存在する。この造船所に関しては三一年四月一〇日『大阪朝日新聞』の「明るい港の珍・グロ風景　潜艦防波堤と荷役の怪物　造る隣りで船壊し」が触れている。「藤永田造船所は海の日本を護る駆逐艦の建造で知られている……」とあり、それにつづいて「面白いのはこの造船所と隣り合って解船作業をやっていることだ。二、三人の合同経営だが、この商売はスエズ以東ここ一ヶ所、東洋で解体する古船はみんなここに集まるんだと大した気焔だった」とある。あらためていうまでもなく、そこが細田さんが証言した解体現場だったのである。

羽田に先立つ大阪飛行場

船町において際立って広い面積を占めていたのが大阪飛行場である。『昭和五年朝日年鑑』に載った「日本の三エヤポート」（東京、大阪、福岡）では「わが国におけるエヤ・ポートとして既に貧弱ながらもその体裁を整えたのは大阪木津川尻の国際飛行場だけであって、ここを中心にして東西に飛ぶエヤ・ライナアの東京及び福岡の飛行場はいずれもまだ陸軍飛行場を併用しているのである」としている。木津川飛行場とも称されたこの飛行場は水陸両用だった。

現在の羽田空港（東京国際空港）の前身に当たる東京飛行場が、立川陸軍飛行場から移転して民間飛行場として開設されたのは三一年の八月である。その年三月二三日『東京朝日新聞』は「数々の壮図を前に　羽田空港の完成　既に滑走路、格納庫大半成り　真に東洋一の偉容」の見出しの下に「東洋ではただ一つのコンクリート滑走路も半ば敷設されて、場の南北に白く走り……」

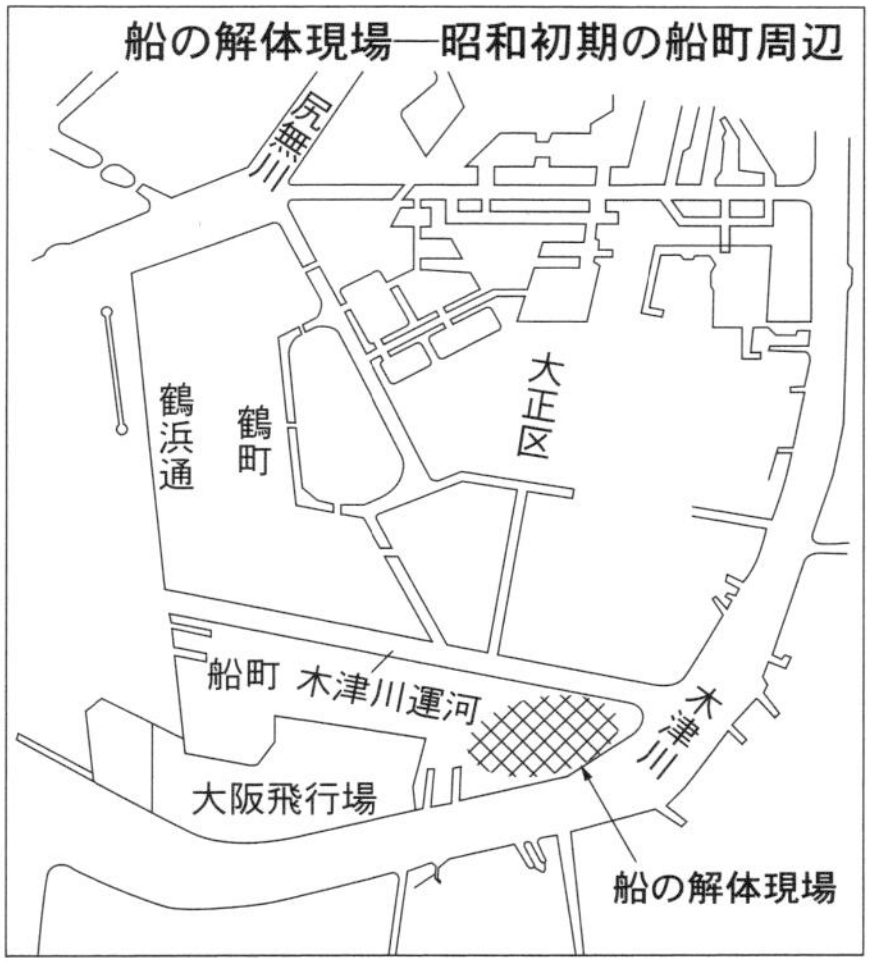

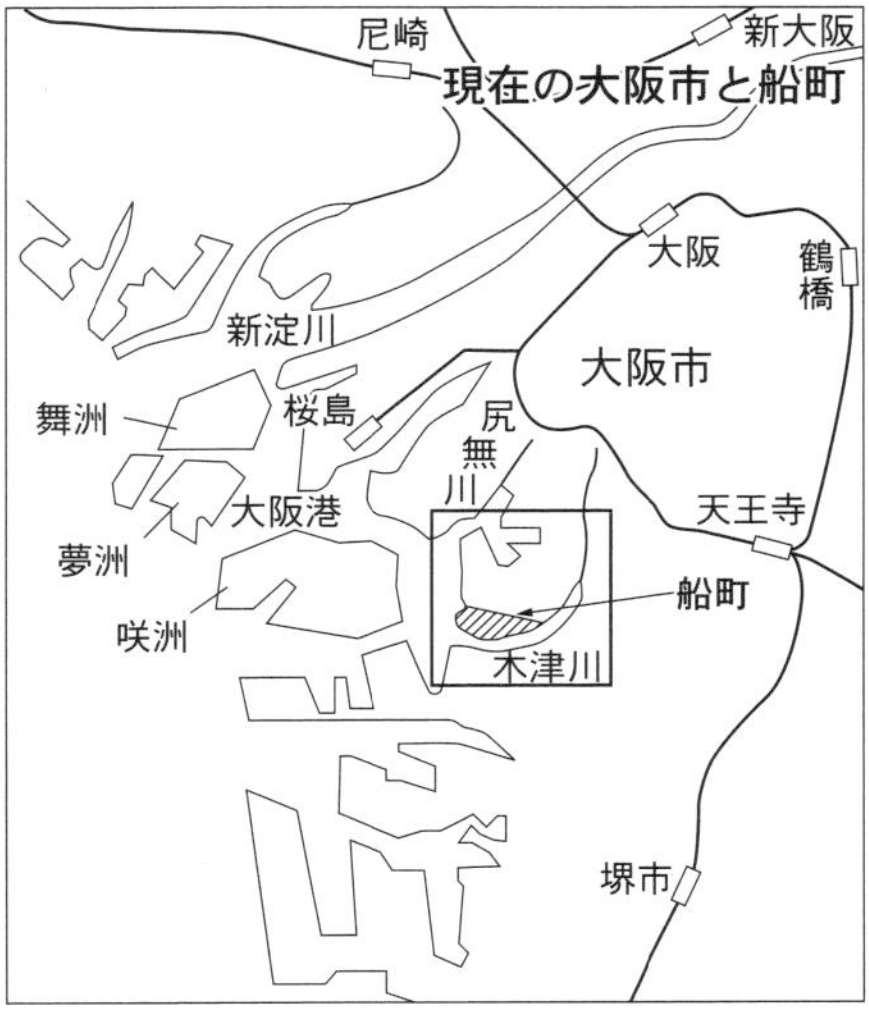

としている。大阪飛行場の陸上の滑走区域はクローバーが密生したままの状態だったのである。

その大阪飛行場は三三年一〇月六日『東京朝日新聞』(夕刊)[2]が「夜間飛行は早いと全操縦士が反対　照明設備その他の不備を列挙　東京—福岡間開始を前に」と報道したように大きな欠陥を抱えていた。反対理由の一つに「大阪飛行場は面積狭少、しかも附近には工場の高い煙突や繋留の廃船のマスト等障害物多く、昼間でさえ風の強い時、危険を感ずるほどで、夜間飛行となれば全く冒険に近いから一日も早く適当な地に移転する必要がある」が挙げられている。解体のために繋留中の廃船も槍玉に挙がっている。

このような状況に対応して、大阪市は大和川尻に新しい飛行場、さらに予備飛行場を計画したが、市財政は三四年九月に京阪神地方を襲った室戸台風の復旧に追われた。予備飛行場の建設は大阪市の手から切り離して、逓信省が直接担当した。三九年に開設された伊丹飛行場であり、拡張を経て大阪国際空港になっている。大和川尻のほうは結局、実現しなかった。[3]

「水上タクシー」で見る情景

こんにち、木津川河口周辺、そして大阪港全体の変貌は横浜港と同じように目を見張るばかりである。二〇〇二年六月、「水上タクシー」をチャーターして、海からそのようすを眺めた。中央突堤近くの乗り場を出発した船はやがて木津川運河に入る。運河の入り口、右手の船町側に日立造船のかつての築港工場が位置する。外見からは分からないが、今は産業機器事業部築港地区と技術研究所になっている。運河に入ってしばらくすると、船町渡しをすぎる。木津川と木津川運

木津川を溯る。左手に中山製鋼所（2002 年 6 月）

河に囲まれて島のような船町には現在、新木津川大橋、大船橋と二本の橋が架かってはいるが、この船町渡しのほかに木津川渡しと、いずれも大阪市営の二つの渡船が存在する。このあたり、大型船の往来があって橋が架けられなかった経緯があり、渡船のほうが歴史がはるかに古い。橋が架かった現在でも、通勤者にとって交通渋滞がない渡しのほうが便利で近道といった役割を担っている。

船の右手には関西日産化学、テイカ、三菱瓦斯化学、中山製鋼所とつづく。それらの工場は第二次世界大戦以前から存在するが、帝国化工がテイカとなったように社名を変更したケースもある。すぐ先の大船橋をくぐれば、木津川に出られるのだが、満潮時のために叶わない。木津川運河の途中で引き返した船は、今度は木津川を溯って、左手に中山製鋼所を見ながら、橋脚が高い新木津川大橋の下を楽々と通過する。中山製鋼所の高炉が眼前に現れる。

このあたり、右手の造船所の変貌が著しい。藤永田造船所の本社・工場は同社が六七年に三井造船と合併した結果、三井造船藤永田工場として存続しているが、かつてのような新造船は手掛けていない。ともに中手造船メーカーに位置づけられてきた名村造船所、佐野安船渠の事業所も経営形態や社名を変えて存続はしているが、修繕のために繫留されている船がわずかに目に付く程度である。高度経済成長の初期、繁栄した大阪の「川筋造船」の情景も、いまはイメージがまったく沸かない。左手の中山製鋼所の二基の高炉はその直後の二〇〇二年七月に相次いで操業を停止した。一九三九年に一号、四一年に二号高炉が完成し、大阪では最後まで残った高炉だった。

さらに大阪港全体も高度経済成長が始まるとともに大きく変貌した。船町などかつてのウォーターフロントの前面において大阪南港の整備とそれに伴う大規模な海面埋め立て事業が行われた。その結果、埋立地にはコンテナ埠頭、フェリー埠頭など港湾施設のほかに大阪南港ポートタウンが生まれた。大阪港には咲洲《さきしま》と呼ばれるこの南港埋立地のほかに、北港北地区に舞洲《まいしま》、北港南地区に夢洲《ゆめしま》の二つの人工島がある。舞洲はほぼ完成の段階であり、スポーツ施設を中心として大阪市環境事業局の舞洲工場も新設された。一方、夢洲は工事中だが、その一部で二〇〇二年九月、コンテナ埠頭の供用が開始された。内陸部の再開発も進行中であり、二〇〇一年三月末にテーマパークのＵＳＪ（ユニバーサル・スタジオ・ジャパン）がオープンした。

第五章　船舶解体業成立の時期

貴重な二つのリポート

それでは船舶解体業はいつ頃から盛んとなり、また、産業として認知されるようになったのだろうか。また、その業態をどのように定義したらよいのか。雑誌『海運』（神戸海運集会所）の一九二九（昭和四）年七月号に載っている「我国の解船業　吉井兵視」と同じく翌三〇年六月号の「本邦に於ける船舶の解體に就て　岡崎幸壽」が貴重な資料である。この二つのリポートを基軸に第四章の細田さんの証言などを重ね合わせると、その間の推移が明らかとなってくる。

岡崎リポートによると、この時期の吉井は自身が解船業と定義した日本船鉄合資に籍を置いており、岡崎の著書『わが海運四十年の追想　第二巻』（一九六四年、東洋海事経済研究所）によって、第四章に登場する宮地商店の経営者である宮地民之助の甥で、若いときから神戸で海運界の仕事に携わり、後に宮地汽船の役員をしていた人物であることが分かる。一方、岡崎は著書の奥書によって一九二三（大正一二）年、神戸海運集会所に入り、五六（昭和三一）年から六二年にかけて日本海運集会所の専務理事を務めている。ここではまず船舶解体業がいつ頃、盛んとなったかについては岡崎リポートを紹介し、吉井リポートで補足しよう。
岡崎リポートの「本邦船舶解体業の沿革」の章は、日本の製鉄業がなお貧弱なこともあって、船舶を解撤してその使用材料をさらにいま一度生かそうとする事業が勃興してきたと記述したうえで、解体業に関する次の文章に移る。

本邦における解体業者の続出してきたのも、きわめて最近のことに属している。従来の解体事業といえば老齢の廃艦かまたは海難船の船骸を解体するのが関の山であって、しかも総トン数一トン当たり約一〇円見当で、これが工事を請け負っていて、その解体せられた鉄材は八幡製鉄所において鉄鉱の溶解を容易ならしめるための混合材料としたくらいの程度で、ごく少量のものであったにすぎない。

次いで、岡崎は解体事業を開始したのは大阪の北川氏が早かったとしたうえで「解体業者が独力でこれが処分をなすようになったのはまず五、六年前というところであろうか」と解体業者が独力で処分するようになった時点を重視している。言い換えれば、第四章のインタビューで細田さんがいった解体船を購入したオーナー、あるいは金主からいつの時点で一本立ちして、解体業者が請負ではなく独力、すなわち自己の計算で処分をするようになったかに注目している。
その時期は岡崎リポートが執筆されたとみられる一九三〇年の前半から逆算して五〜六年前、すなわち大正末、あるいは昭和の初めだった。この時期に船舶解体業は一つの産業として成立した、あるいは認知されたとみてよい。船舶解体業がどこで成立したかについて、吉井リポートで補足しよう。吉井は「主要港湾のいたるところ、小規模の解撤は行われているが、解撤品の販路、その他の関係から大型船のほとんど全部は大阪において行われる」としている。さらに解体材を使用する代表的工業である伸鉄業のルーツを第一次世界大戦時に求め、「伸鉄業は解船業とあいまって今日の大をなした」と指摘している。

続々と生まれた解体業者

岡崎リポートでは日本郵船が一九二二年に栗林商船に売却し、その後、二七年に解体された西京丸がもっとも注目すべきケースであるとして、急速に船舶解体業が発展した状況を次のように明らかにしている(1)。

西京丸は寄る年波に使用不能となり、ついに昭和二（一九二七）年になって、栗林ではこれを大阪の北川氏に総トン数一トン当たり約二八円見当をもって売却した。しかも解体して独力でその処分を行った結果は予想外に実に四万円以上の利益を収めることができたものであるから、ついにこれを資本として北川氏は本邦船舶解体業者のうちでも頭角を抜く有力筋となったものである。これに刺激せられて、従来の解体請負業者は全部独力をもって純然たるいわゆる解体業者となり、北川氏をはじめとして阪口、木村、大阪海事、日本船鉄合資等が続々、大阪に設立せられると同時に横浜には甘糟合名、青柳商店が相次ぎ出現して、本邦の解体事業は、世界においても抜くことのできない地盤を築くに至ったものである。

大阪の北川氏とは細田さんの証言に登場している北川浅吉である。北川のその後の活躍は『神戸新聞』などにおいて報道されているが、船舶解体業に関係するようになった経緯については資料が見いだせなかった。三五（昭和一〇）年二月二一日『神戸新聞』の「郷土愛へ〝紺綬褒章〟古船解体で巨富なした北川氏　講堂建設にぽんと二万円」によって出身地が兵庫県神崎郡寺前村で現在は大河内町となっていることを確かめ、町役場に問い合わせた。北川は大河内町の名誉町民であり、一八九〇（明治二三）年生まれで一九七六年に死去していることなどが判明したが、寺前小学校の校庭に建てられた陶像にも、知りたい肝心な点は「本村に生まれ、大阪に出て鉄工業に従事後、船舶の解体業をなす……」とあるだけである。

また、阪口も同じく阪口定吉商店である。現在も阪口興産として一般鋼材・半製品・鉄鋼原料の販売などの事業を展開しており、『なにわの鐵あきんど　大阪鉄鋼特約店組合２０周年誌』（一九八九年、大阪鉄鋼特約店組合）による当時の状況は「明治一一（一八七八）年、初代阪口定吉氏が鉄問屋として自立創業したのに始まり、大正八(一九一九)年五月、資本金一〇〇万円をもって（株）阪口定吉商店に組織変更、昭和初期の大恐慌のさい、新分野を求めて伸鉄業に進出、昭和四（一九二九）年、大阪市港区に伸鉄工場を建設、条鋼の生産を開始」となる。船舶解体事業については触れられていない。

請負作業と「解体商」の表現

さらに細田さんの証言などに関連して、気付いた点がある。岡崎リポートにおいて、従来の解体請負業者が全部いわゆる解体業者となったとしていることである。細田さんは一九三三年以降の体験を主体として証言しているが、勤務先の甘糟では船舶の解体を北川組に請け負わせていたといっている。北川組においてもすべてが独力というわけでなく、その後も請負作業もしていたとみるべきであろう。新聞記事などでも、その後、長期間にわたって、船舶解体業者よりも広い意味をもたせた形で「解体商」の表現が見られる。

多少、時期はずれるが、北川組と並ぶ存在になった岡田組が岡崎リポートに出てこないのは発展途上だったからだと推測できる。岡田組の岡田勢一（一八九二〜一九七二年）については四〇年一二月一二日『大阪毎日新聞』の「運命の開拓者　裸一貫から潜水王　徳島県二中建設に六十五万円　岡田勢一氏の奮闘記」、また、第二次世界大戦後に政界に進出し、四八年に芦田内閣の運輸大臣に就任したので、政治的略歴は『議会制度七十年史　衆議院議員名簿』（一九六二年、衆議院・参議院編纂）などによって分かる。前者は毎日新聞社に記事が保存されているが、本紙には載っていないので「徳島版」に掲載されたとみられる。それらによると、岡田は一九〇五（明治三八）年に大阪に出て、造船技能を習得、木造船の建造に携わった後、船舶引き揚げで当時、著名だった空海事工業部に入社し、サルベージ技師となって実績を積んだ後、独立して船舶解体を手掛けた。

また、後に解体船の変態輸入や海運界への進出によって有名となった宮地商店の宮地民之助も岡崎リポートに出てこない。香川県多度津町に所在する（株）宮地サルベージの会社概要によると、同社は一九二六年に宮地商店解撤部として発足したのが始まりである。細田さんが宮地商店は北川組に船舶の解体を請け負わせていたといっていることことからすると、当初はあまり表面に出てこなかったのかもしれない。

難しかった採算面の見極め

ここで一転して、今度は吉井リポートの解船業の業態を記述している部分を引用し、岡崎リポートなどによって補足説明をしよう。記述は順次、解船の計算、解船作業、艤装品の処分に及んでいる（以下、引用は一部省略）。

解船の計算　解船の予算と決算の間には大きな隔りがあるようである。業者はこれを「事業の面白味」と称しているが、これは一種の冒険であって今日なお解船業が堅実味を欠くといわれるゆえんであろう。

船舶鉄鋼材の重量見積もりの方法として一般に行われているのは総トン数にある係数を乗じて得るようである。係数は各自の経験を基として定めるが、誤差の危険も多い。次に船舶の現状より推測して各材の平均単価を定める。これに「生き」として処分せられる物の見積もりと加えて収入予算を作る。支出としては工費、運搬費、敷地料、乾渠料、関税(輸入船)等である。

このような採算面について、岡崎リポートでは輸入船の購入に触れている点が吉井リポートにみられないところである。たとえば同型船で第一次世界大戦中と大戦前に建造された姉妹船があるとすれば、船価が少々高くても戦前のほうに需要が集中する。戦時中の鋼板その他の船舶材料はその船級に合格するぎりぎりのものを使用しており、戦前のそれに比べて非常に薄く貧弱になっていて到底問題にならないというのである。

解船作業　海難船の解撤は多く交通不便の僻地で行われ、機械器具の利用困難であるから、各種作業はほとんど人力で行われている。この長い習慣から、解船作業も今日なお人力本位であって、作業場のごときも恒久性に乏しい設備で行われている。僅かに機械力の利用としては、海上クレーンを使用するのみであって、陸上における運搬は全部人力によっている。工作用としては鋼材切断用として酸素・アセチレンガスを使用しているが、主要作業たる鋲切断はすべて特殊なハンマーを用いて人力による。

作業方法は本船浮揚のまま、属具、備品、艤装品等を取り除き、船体上部より逐次、クレーン能力の最大限に近き重量に切断して陸上に運び、接合部の鋲を切断して、鈑、型材、丸棒等に区分する。汽機その他鋳鉄類は手割りをもって小片とする。船底彎曲部に至れば、船体の残部を「掘割船渠」に入れるか、あるいは海岸において干潮を利用して解撤を行う。

解船作業に関しては、吉井リポートが発表されて四年余り後のことになるが、一九三三年一二月一五日『大阪朝日新聞』の「解体船夫の福音　明年一月十五日から　災害扶助法の恵み」が興味ある事実を提示している。それによると、世界一の船舶解体場を誇っている大阪では約三〇〇〇人がこの作業に従事しているが、作業自体がきわめて危険であり、毎年一四～一五人が死亡し、重傷者も二〇〇人以上に達している。ところが、水上勤務なので工場法の保護がなく、労働者災害扶助法も適用されない。大阪府工場課では内務省当局に再三、扶助法適用を申請していたが、同法施行令の被適用者の中に「工場以外において行う船舶（木造船を除く）の解体事業を加う」が挿入され、実施されることになったというのである。

解船材の用途と伸鉄工業

ここで吉井リポートと岡崎リポートの対比に戻ると、取り外した物を陸上に運んだ後の解体工場の状況については岡崎リポートが紹介している。「本邦において設備がととのっている解体工場を所有しているのは、なんといっても大阪で、とくに北川のその工場はずぬけた設備を有し、一ヶ年七、八隻の解体を行い、常に二〇〇人の職工を使用しつつある」という。

解船材の用途　船体構造の大部分を占むる鋼材、鋼型材のうち、厚いものはほとんど伸鉄材料として消化され、その他は並鉄材とともに鍛冶材料、小物材料、雑用および製鋼用スクラップとする。鋼丸棒、シャフト、錬鉄、鋳鉄は工業用材料とし、銅、真鍮、鉛、各種合金はほとんど原料化される。銅管、真鍮管、鋼管の現状良好なるものはそのまま使用され、あるいは再製引抜管として使用される。木材は造船、家具、その他雑用として使用される。

このくだりに関して一九三三年七月九日『大阪朝日新聞』の「全世界に誇る　屑鉄工業に暗影…」では解体船からだけでなく、ヨーロッパから鉄、銅、錫、鉛などの屑物を買い入れ、加工するいわゆる屑工業が大阪で発展したようすを描いている。そのなかに加工品の製造法に触れて「機械で打ち抜いてつくるいわゆる抜き物、鍛えてつくる火造り、引き伸ばす伸鉄等々ほぼ六つの方法があり、ことに直径の大きな鉄管や銅管を引き伸ばし、直径の小さな管をつくるのは得意とするところで……」とある。

伸鉄（圧延）工業　解体鋼材の大部分を消化する伸鉄業の起源は大戦当時、市場に鉄材の大欠乏を来し、雑用平鉄のごとき皆無の状態だった時代、町鍛冶屋は窮余の策として古鉄材を手頃の大きさに切断してこれを赤め、打ち延ばして、僅かに用を弁じたものであるが、漸次進歩して手廻しロールより現在の伸鉄業に進化したものである。

伸鉄工業とは船体、汽罐、その他の鋼材を切断して所要重量の小片とし、火炉内で赤熱した後、数回、ロールを通過せしめて製品を得る簡単な工業である。製品種目は小型平鉄、再鉄丸棒、サッシュ等だが、各工場いずれも規模小さく、工作方法も幼稚であるため、製品の強力、均等を欠き、あるいは寸法の不統一等欠点が見出されるのである。

艤装品の処分　解船の艤装品、属具、備品、補機類の現状良好なるものは生きとして保存せられるのであるが、現在の需要は微々たるものであって、供給に伴わず、やむなく材料化されるものも少なくない。

古船国・日本が抱えた矛盾

最後に二つのリポートに関して、これまでと視点を変えてみよう。先にも述べたが、岡崎リポートには一九二二（大正一一）年以降、三〇年の執筆時までの間、日本において解体された船舶のリストが掲載されている。[2] 摘録の形をとっているが、個々の解体船のデータが整っていることが貴重である。興味深いのは解体船の購入に当たって費用を負担した、ここでいう解体者の推移である。北川浅吉の場合でいうと、二七年の西京丸など二隻以前に登場したことはなく、以降は二八年に四隻、二九年に五隻と解体者になっている。

一方、すでに引用した岡崎リポートの「本邦船舶解体業の沿革」において、北川の成功に刺激されて設立されたとされた大阪海事や阪口が一九二二～二三年と早い時期に解体者となっている。少なくとも阪口が有力な鉄問屋だったことは間違いなく、設立の表現には疑問が残る。当初「カネを出していた」のが「解体自体も手掛けるようになった」ととるほうが自然である。

また、吉井、岡崎の両リポートを一九二五年前後、すなわち大正末期から昭和初期の海運不況と船舶解体に関連させてみよう。当時、世界的に船腹の過剰が存在した半面、老朽化した国内船のスクラップ化が遅々として進んでいなかったからである。。

吉井リポートでは近年、日本で解体される船舶は毎年、約一〇万総トンと計算され、その八割以上は解体を目的とする輸入船舶だという。日本が世界有数の古船国といわれる状況と大きな矛盾があるが、国内船が外国船に比べて著しく高価であるため、解船業者にとって採算上やむをえない。なぜ高いのかについては日本が関税によって老朽船の輸入防止を図っていることを挙げる。その結果、運航可能の状態であれば、国内船は外国船に比べて関税に近い額だけ高く評価されるというのである。総トン数一トンに付き二〇円の輸入税が不経済船の解体を進ませない原因となっているという点では、岡崎リポートも同様であり、輸入税の撤廃とともに、優秀船建造を条件とする不経済船の解体補助こそ必要だと主張している。

京浜地域にみる艦船の解体

それでは京浜地域では船舶は解体されていなかったのか。少なくとも一九二〇年代後半、すなわち大正末期から昭和の初めにかけて横須賀海軍工廠から艦船が払い下げられた記録が防衛研究所に残されている。まず一九二六（大正一五）年四月一四日に横須賀海軍工廠長から海軍大臣に対して、同年四月六日に旧特務艇の長浦を五万一三九〇円、曳船兼交通船の白鷹を九五〇〇円で横浜市真砂町の甘糟浅五郎に売却処分したと報告されている。この公文書では、甘糟の職業は銅鉄商となっている。

交詢社発行の『日本紳士録』に載った甘糟浅五郎の職業は一九一〇（明治四三）年は酒商、二五（大正一四）年は洋酒雑肥鉄類商、三六（昭和一一）年は商工会議所議員、甘糟合名代表、洋酒雑穀商と一定していない。一方、『甘糟浅五郎伝』（一九六四年、甘糟産業汽船）に掲載された略年譜において注目されるのは一九〇二（明治三五）年に損害貨物の更生事業に乗り出したことである。ここでいう損害貨物とは航海中に時化《しけ》で海水をかぶった、あるいは坐礁など海難事故にあった船舶の積み荷や倉庫火災によって類焼した物資などである。それらの品は保険がかかっていることが多く、保険金を支払った保険会社が引き取って競売にかける。浅五郎はそれを競り落とし、他の用途向けに転売する。才覚次第で大きな利益を得られた。沈没船の処理はそこから始まったといわれるからである。

話を戻すと、甘糟が払い下げを受けた旧特務艇、すなわち潜水母艇だった長浦、そしてもとは水雷艇だった白鷹のその後は不明である。ところが一九二七年に横須賀海軍工廠が払い下げた旧潜水母艦、秋津洲《あきつしま》の場合は偶然の機会から、現在は横須賀市の浦賀で解体されたことが判明した。秋津州は一九〇九（明治四二）年一〇月、伊藤博文・元首相がハルピン駅頭で暗殺されたさい、遺骸を大連港から横須賀軍港まで運んだ軍艦だが、二七年八月四日、横須賀海軍工廠長から海軍大臣あてに「廃船売却ノ件」という文書が提出されていた。それによると、七月二九日に一〇万二〇〇〇円で大阪市港区北境川町三丁目一九、阪口定吉商店に売却されている。その阪口ならば、細田さんの証言や岡崎リポートに出てくる鉄問屋である。したがって、当初は大阪近辺で解体したくらいにしか考えなかった。

ところが、横浜の神奈川県立図書館でたまたま目にした『セピア色の三浦半島』（辻井善弥著、郷土出版社、一九九三年）に解体される直前とみられる秋津洲の写真が掲載されており、浦賀港で当時、銅鉄商も兼ねていた信濃屋が解体し、写真も所蔵していると記されていた。公文書がある以上、大阪の阪口が落札し、信濃屋に解体を請け負わせたか、売却したのであろう。二〇〇二年八月に書店を営む信濃屋を訪れ、当主の山本詔一さんから同家に伝わる秋津洲にまつわる話を聞いた。

私のところは江戸時代には文具、紙、墨、漆器を商っていました。その四代目、曾祖父に当たる山本佐兵衞だけが書籍・紙類などの販売とともに銅鉄商も営んでいたのです。近くの金物屋から婿入りした人で、その方面の知識があったからでしょう。阪口定吉商店の話は初耳です。解体当時の写真のほかに、仕事に携わった人に贈った秋津洲のケヤキ材で作った記念のタバコ盆がこれで、そのほかに倉庫では備品だったハシゴをいまも用いていますし、屋根の上にあって、いまは取り壊した物干場にはチーク材が使われていました。鉄屑などは当時、東京との間の定期貨客船だった三盛丸で東京方面に運んだと聞いています。

山本佐兵衞なる名前をどこかで目にしたような気がする。防衛研究所で公文書を書き写したノートに秋津洲の売却の一〇日ほど前に山本佐平と名前こそ僅かに異なるが、住所からみて同一人物に間違いない人物に旧潜水母艇、長浦の汽艇などが売却された事実が書き留められていた。残された秋津洲の写真によって解体作業のようすがよく分かる。「大阪　山本組　解船部」と印されたクレーンを載せた台船のかたわらの岸辺には、下ろされたばかりと見える大きな鉄板がある。「解船部　山本組」のハッピを着た三〇人ほどの人が写っている記念写真もあった。倉庫の木製のハ

解体される秋津洲

秋津洲を解体する山本組

シゴも見せてもらったが、見るからにがっちりしていた。

写真によって、どこで解体したかがいまでもすぐ分かるといわれて、近くの海岸に出る。背景から見て、このあたりだと見当がついた。埋立地などで解体されたケースは、いまとなると、その場所のイメージがまったく湧かない。ここで初めて写真と重ね合わせて、当時の解体の光景を眼のあたりにすることができたのである。

洒脱な逓信省局長の講演

秋津洲のケースよりも五年ほど遅い時期に当たるが、東京近辺における船舶解体に関しては『交通研究資料　第二〇輯　最近の交通諸問題』（日本交通協会）に収録されている逓信省の廣幡忠隆・管船局長の「最近の解船問題」が貴重である。一九三二年五月二五日に開催された日本交通協会の定時総会における廣幡の講演を速記したもので、以下はその概要である。内容に吉井・岡崎リポートと重複した部分があるが、語り口が洒脱なので、講演にほぼ沿う形で収録した。

海運界は大不況であり、船腹の過剰、とくに国内では日本の船の解船が大きな問題になっている。三一年には外国船を輸入して解撤したのが五二隻、二七万七〇〇〇トンであるのに対して、日本の船の解撤は僅かに六隻、二万トンにすぎない。そこで外国船の代わりに日本の船を解船にするのにはどうしたらよいかが論議されている。日本において全体の解船量が増えているのは伸鉄業の発達による。解船から生じる古鉄を長さ二尺、幅三、四寸くらいに切って赤く灼《や》いてロールに掛けて丸い棒などに延ばす。なんのことはない。飴細工も同様な有り様で、東京では砂町あたりでたくさんやっている。材料は凹凸のあるもの、またリベットの穴があるものでも、その穴が半分程度に凹んでいるのなら差し支えない。

それならば日本の船でもよさそうだが、解船屋のいうのには「日本の船は外のほうにはきれいにペンキを塗っているが、いよいよそれを壊してみると、やせていて役に立たない。それに対して、外国の船は外見は真っ赤に錆びていても、材料は衰弱していることが少なく、じつに強く立派だ」となる。日本では船齢六八年というような古い船が使われているし、船の型が一般に小さく、伸鉄材料が少ししか得られないということもある。現に私も川崎の鋼管会社裏の掘割で外国のタンカーを解いているのを見てきたが、船体材料は相当しっかりしていた。日本の船に比べて伸鉄材になる割合が格段に高い。さらに日本の船はエライ高い借金を背負っているから、銀行屋さんとの関係で解きたくても解けないのが現況である。

実際に見た船の解き方をいうと、酸素ガスでフレームや何かくっ付いていても構わず、魚河岸でマグロを胴切りにするように、二〇トンなり三〇トンくらいの大きさに切る。それをクレーンで吊って水際に落とし、解船屋の職工に請負として渡す。職工はリベットの頭を大きさ一貫五〇〇匁くらいのハンマーでなぐって飛ばす。普通、リベットは八回くらい叩き、一人で一日に八〇〇本くらい飛ばすというから随分エライ仕事で、大抵一月に二〇日間くらいしか働けないそうだ。

解かれた材料のうち、伸鉄材料にならないものはここでスクラップとして売り、良い物すなわち伸鉄材料となるものはハシケに載せて砂町の伸鉄工場に行く。そして適度のピースに切って目方をはかり、分類して並べて置く。例えば建築業者が三間の物を何本要るからといってくると、それに適当した材料を灼熱してすぐロールにかけて翌日には間に合わせる。完成品でなく、材料のピースで寝かせておく。非常に盛んなもので昼夜兼行二部制でやっている。完成品は角物が少なく、六分丸以下の丸物が大部分であり、東京の製造能力がおよそ四〇〇〇トン、大阪のほうが一万トン、現在動いているのは大阪が六〇〇〇トン、東京が二〇〇〇トンくらいだ。丸棒の切れ端などが残るが、女性の頭髪のコテやバケツの手、大阪の例ではタンスの鈎《かぎ》手の材料などに売れる。

日本の海運政策上、日本の古い船をどうしたら解船にして新しい船に置き換えていくことができるかについて目下、私どもは非常に苦慮している。外国から入ってくる船に税をかけるというのも一つの案である。日本の船舶輸入税は初めは従価税だったが、船の原価をごまかすために従量税に代わった。一〇円から一五円、一五円から二〇円と税金が上がった。考えようによると、税をかけるということは日本の古船の値を上げていくことになっているという議論もある。もし、そうだとすれば海運業者としては船を運航するうえに非常に不利になるし、解船しにくいことになる。税をかけるということは果たしてよいか悪いか、そこをどうしていくならば解体するようになるか。私どもはこの大きな問題に悩まされているわけだ。

東京・砂町の原風景etc

この講演内容について多少補足しよう。まず、伸鉄工場が多かった砂町のことである。廣幡が講演した頃の砂町は三二年一〇月に東京市が五郡八二町村を合併して大東京市を実現する直前であり、東京府南葛飾郡砂町の頃である。江戸の近郊農村として知られた砂村は次第に農地が減少、小名木川沿いに中小工場が建ち並ぶようになった。その半面、関東大震災後、沼沢地を利用して金魚の養殖が行われるようになって、砂町の名物となり、往時の面影もとどめていた[3]。青柳鋼材興業の『五十年の歩み』(一九七三年)によると、関東地方における伸鉄工場は一七(大正六)年頃に設立された東京鉄筋製作所が最初ではないかとされていた。場所は東京市深川区千田町であり、東京府南葛飾郡砂町とさほど離れていないところである。天洋丸を解体した青柳菊太郎商店はここを当初、伸鉄材の主力納入先にしていた。

次に税金のことである。速記録だったために、こうなったと思われるが、廣幡は船舶の輸入税に関して「一〇円から一五円、一五円から二〇円と税金が上がった」といっている。『現代日本海運史観』(米田冨士雄著、一九七八年、海事産業研究所)によると、一九一〇(明治四三)年四月に改正関税定率法が公布(翌一一年七月実施)されて、船舶の輸入税は船齢一〇年未満の船舶が総トン数一トンにつき一五円、船齢一〇年以上のものは一〇円となった。船齢の低いほうが税額が高いのは国内造船業を保護・奨励するためだった。それが二六(大正一五)年三月に関税定率法の改正が実施されて船齢二〇年未満一五円、船齢二〇年以上二〇円に改められていた。ここでは古船輸入制限措置がとられたということになる。

となると、廣幡は「一〇円から一五円」が「一五円から二〇円」へと税額が上がったといったつもりだったのだろう。また、吉井・岡崎リポートがともに老朽化した国内の不経済船の解体が進まない大きな原因とした一総トン当たり二〇円の輸入税は、正確には船齢二〇年以上の税額をいっていることになる。一方、廣幡が「外国から入ってくる船に税をかけるというのも一つの案である」は「より重い税をかける」という意味であろう。岡崎リポートにおいて税額を引き上げようという動きにあることが指摘されており、岡崎はむしろ輸入税を撤廃したほうが国内の不経済船の解体に結び付くと主張していたからである。

両国橋に見る二つの光景

京浜地域で船舶解体に携わってきた人物として甘糟浅五郎や青柳菊太郎を紹介してきたが、どうしても取り上げなければならないのが第四章の「細田証言」にちょっと触れられている岡田菊治郎のことである。岡田は一九五三年に緑綬褒章を受章している。今日では「業務に精励し、民衆の模範になる人」が受章するのは黄綬褒章だが、当時はそれが設けられておらず、緑綬褒章の対象だった。『紅・緑・藍綬褒章名鑑』（一九八〇年、総理府賞勲局編）には岡田の「褒章の記」が載っているが、岡田の履歴を知る公的な記録として要を得ている。それに句読点を入れ、送り仮名を多少変えると、次のようになる。

岡田菊治郎（明治十四年十二月一日生）　明治四十三年、鉄屑業を始めて以来、業務に精励し、鉄屑圧縮機の設備を工夫、完成して国内資源の活用に努め、後、岡田商事株式会社となし、取締役社長に就任して現在に至る。前後四十有余年、よく斯業の発展に尽くした。まことに実業に精励し、衆民の模範である。

それに加えるのには、日本鉄リサイクル工業会の前身である日本鉄屑工業会が八七年に出した『鉄屑ニュース』第六九号に載っている「岡田と鈴徳」と題する文章が適当である。鈴徳とは岡田と同時に鉄屑業界で初めて緑綬褒章を受賞した鈴木徳五郎のことだが、船舶解体を手掛けた形跡はいまのところ見当たらない。以下、岡田を中心として、この文章の要点を紹介しよう。

日本で鉄屑業者として一九三〇（昭和五）～三一年頃、初めてプレスを導入したのは岡田で、ドイツ製だったといわれる。当時、輸入の米国屑にはプレスが登場していた。日本では当時、自動車のフェンダーの始末に手をやいていたという。岡田のところで、プレスによる鉄屑はできたが、当時の製鋼所は千地《せんじ》のプレス、現在のCプレスを使いこなせるところがなかった。言い換えれば、プレスの材料となるすそ物はほとんど捨てられていた。岡田は商工省に日参して、八幡製鉄所で使ってみることになったが、当時のCプレスは錫分が強く、それを克服するのにはかなりの時間を要した。

この「岡田と鈴徳」の文章に出てくる「すそ物」「千地」には若干の補足が必要であろう。『鉄リサイクル事業のマニュアルブック』(日本鉄リサイクル工業会編、一九九七年)の用語解説には「すそ物とは甲山《こうざん》(狭義には一級品以上の鉄スクラップ)に対する意味として級外(ときには二級品も含まれる)の下級スクラップに用い、ブリキ、またはトタン板等が主なものである」「千地とはブリキ、亜鉛鉄板等の薄鋼板のスクラップを称し、普通はプレス加工をおこなう。鋼スクラップのうち、最下級に当たるものである。地名の千住(東京)から出た名称ともいわれている。また、千種《せんしゅ》雑多なものという意味から出たという意見もある」といっている。ブリキは錫、トタンは亜鉛でメッキした薄い鋼板である。そして、岡田が最初に着目したのが、東京の埋立地に打ち寄せられていた缶詰のブリキ缶だったということが縁辺に語り継がれている。

第二次世界大戦前の岡田菊治郎商店、そして戦後の岡田商事はヤードこそ移転し、駐車場になっているが、いまも本社は江戸時代から賑わった両国橋のたもとに所在する。東京の下町に終生、深い思いを寄せた永井荷風はその周辺をどう描いているのであろうか。

『摘録　断腸亭日乗（上）』（岩波文庫）でいささか関連がありそうな隅田川周辺の記述をみると、一九二二（大正一一）年二月九日の項に「……浅草公園を歩み吾妻橋より船に乗り永代橋に至る。隅田川も両岸の景旧観を存する処稀にして、今は唯工場の間を流るる溝渠に過ぎず。……」とある。

隅田川で解体された駆逐艦

荷風にとっては、岡田菊治郎商店は工場の間を流れる溝渠の眼にも留めない存在にすぎなかったと思われるが、七三年に発刊された『「風雪」――本所鉄交会創立二十五周年記念誌』の神村商店社長・神村庄司の項を見たときにはびっくりした。そこには、こう書かれていた。

昭和九（一九三四）年、岡田商店の主人、岡田（菊治郎）は解体船四隻を隅田川に曳航させた。これは当時の払い下げ駆逐艦一〇〇〇トンクラスを買い入れたもので、両国河岸にクレーンを垂らし、岸壁で解体作業をする幼稚な方法であった。しばらくの間、この駆逐艦を一目見ようという見物人で河岸は埋まった。この解体したスクラップをそのまま圧延材料として使う当時としては画期的な伸鉄設備を生みだして岡田は稼いだ。

ちょうど、この年、岡田は千住関屋町に三井物産石炭部の跡地一万坪を購入し、東京製鉄を設立し、事業拡大を図った。海軍向け特殊鋼などの生産を始めたのである。しかし、戦後、岡田は経営を池谷太郎に譲っている。

ちなみに最後の一節は、電炉メーカーのなかで知名度が高い東京製鉄の元をたどれば、岡田の事業に行き着くことを示したかったからである。

ところで、引用した文章を読んだとき、河岸を埋めた見物人に会って、その目で見た情景を聞きたい、新聞記事でその情景がどのように報道されているのか、何という名称の駆逐艦だったのかを確かめたいという思いにかられた。隅田川に関連した事項を丹念に収集した『年表・隅田川』（真泉光隆著、近代文芸社、一九九二年）という本があるが、駆逐艦解体の話は見当たらず、新聞記事も見いだせなかった。

やっと会えた解体の目撃者

そんなとき、両国小学校に「それらしい錨がある」と耳にした。校地の公道に面した角地、目立つところに『杜子春』の一節を刻んだ芥川龍之介文学碑がある。この小学校が江東尋常小学校といった当時、芥川は卒業している。その横に、うっかりすると見落としてしまう形で、錨が置かれていた。説明文には「この錨は日露戦争（一九〇四～一九〇五年）で活躍した日本海軍の駆逐艦『不知火《しらぬい》』のものである」「両国一丁目の鉄鋼業、岡田商事（旧岡田菊治郎商店）が軍艦の解体作業で得たのを昭和の初年に江東（現両国）小学校に寄贈したものである」と書かれていた。読んでいって「岡田」の文字を見て、やっと手掛かりを得たと思った途端、昭和初年に寄贈とあったのではたと戸惑った。

両国小学校にある「不知火」の錨

廃船となる直前の不知火に関しては、防衛研究所に一九二五（大正一四）年一月二八日の日付で横須賀鎮守府司令長官から海軍大臣あての雑役船の廃船認許の上申書と二月一四日に海軍大臣がそれを認許した公文書が残っていた。両国小学校の「錨の由来」にある昭和初年に寄付されたとの文面との間に矛盾はない。

ようやく、見物人の一人に会えた。両国橋に近く、自動車解体の街として知られる墨田区立川《たてかわ》地区に住む八島敬一さんである。「一九三一年からここで自動車の解体業をしているが、何年だったかは覚えていないが、両国橋のたもとにあった岡田さんのところで駆逐艦を解体しているのを見ています。大砲など兵器はいっさい備えていない状態で河岸に浮かんでいました。一隻だけだった。自転車に乗って作業服のまま、見に行った記憶があるので季節は春か秋だったんじゃないかな」というのである。

八島さんが目撃した解体中の駆逐艦が少なくとも不知火ではなかったことだけは確かである。それとともに、隅田川べりで四隻を同時に解体したのではなく順次、手掛けたのであろう。そのほうが作業人員のやりくりにおいても効率的なはずだ。いずれにせよ、すぐにも見物人を探しだせると思い込んだところに大都会の罠があった。

第六章　画期的だった船舶改善助成政策

繋船続出の世界不況局面

船の解体とそれから生じる仲鉄材、鉄屑に関して画期的な出来事を一つ挙げるとすれば、一九三二（昭和七）年一〇月一日から三五年三月末にかけて実施された船舶改善助成施設に尽きるであろう。ここではその内容とそれが海運業、船舶解体業に及ぼした影響をまずみることにする。「施設」は「政策」を意味し、「予算外国庫ノ負担トナルベキ契約」の一つ、船舶改善助成費として国会を通過し、三二年九月三日に公布された。この政策は船質改善助成施設、あるいは船質改善助成法ともいわれたが、新聞や雑誌の記事の引用で、そのような表現が用いられていたケースを除いて船舶改善助成施設に統一する。

一九二九年以降、世界の海運界はきわめて深刻な不況に陥った。世界恐慌下、国際間の荷動きが激減し、船腹が過剰となった結果、競争が激化して運賃はおびただしく低下、繋船も増加したからである。そのような状況に加えて、三一年末には船腹保有量で英国、米国に次いで世界第三位となった日本では、浜口内閣の下で実施された三〇年一月一一日の金解禁がきっかけとなって三〇年、三一年にかけて第一次世界大戦以降で未曾有の不況局面だった。

そのさい、日本でとくに問題となったのは、他の主要海運国に比べて老齢船が多かったことである。第一次世界大戦後、欧州諸国が老齢船を処分し、新船の建造、補充に努めたさい、日本の船主が価格の安いのにひかれて、旧式の蒸気機関の老齢船を買い込んだ結果だった。そのような状況下で、老齢船の解体を進める一方、新船建造がなくなった造船所を活気づけるために、解体される船に代わる快速優秀船を建造させようと立案されたのが船舶改善助成施設である。振り返ると、日本の海運界は三〇、三一年がどん底だったのだが、立案段階では三二年八月二一日『神戸新聞』の「解体と新造　造船職工は浮上り　船員は失職する　無残――赤腹を繋ぐ廿八万噸《トン》海運界全く憂色」といった景況観だった。

ここでは船舶改善助成施設の内容について老齢船の解体を軸として『日本船主協会沿革史』（日本船主協会、一九三六年）と『船舶改善協会事業史』（船舶改善協会、一九四三年）をみよう。三カ年継続事業の期間中に総額一一〇〇万円の助成金交付の対象となる新船建造トン数は合計二〇万総トンであり、一方で合計四〇万総トンの解体を予定した。解体船の要件は一〇〇〇総トン・船齢二五年以上で、鋼製、または鉄製の汽船たるべきこととされた。建造される船は速力一三・五ノット以上、四〇〇〇総トン以上が条件である。建造船条件が貨物船に限定されていたのに対し、解体船は客船などでもよかった。結果的に客船はごく僅かだったが、第四章に登場させた天洋丸は、そのケースだった。船舶改善助成施設による解体船は三五年四月に全部解体を終了して合計九四隻、三九万九二四〇総トンとなり、新造船は三五年一一月に全部竣工して合計三一隻、一九万八八九八九総トンに達した。

好結果を生んだ助成政策

この政策が進行した間、貿易不振と船腹過剰によって世界の海運界が依然として不況を脱しきれないなかで、日本だけは三二年後半期以降、回復の兆しがみられ、三三年以降は活況となった。三一年一二月一三日に金輸出を再禁止したが、それが為替安すなわち円価の暴落につながり、綿布などの輸出が急増した。さらにポンドやドル建てを標準とする遠洋運賃において為替安は採算を好転させ、日本は国際競争のうえで有利となったからである。国内における軍需工業の勃興とそれに伴う軍需インフレの進行によって国内物資の移動も活発となった。そうした相乗効果が三三年以降の海運業の活況に結び付いたのである。船舶改善助成施設もその要因の一つであり、このような状況の日本を除いて、三五年の世界海運はなおも不況局面にあった。

この政策によって船舶解体業が一段と活気をおびたようすは、三二年一二月二七日『東京朝日新聞』の「さても時世かな　山吹色に光る古船　鋼材奔騰の余勢に乗って　景気のいい解体作業」に現れている。大阪方面で盛んに行われている古船の解体が東京付近にも波及したとし、川崎の日本鋼管内の海岸で解体されている貨物船の状況がつぶさに報告されているが、ここでは船舶改善助成施設の内容を分かりやすく説明している箇所を引用しよう。解体現場において、鉄板が片端から東京の伸鉄業者に運ばれ、一本の鋲も屑鉄として高価に売れる状況を述べたうえでこうして解体作業を行っている者はむろん損をしないわけだが、さらにその船主も同様なのだ。というのは「船の実体」を相当高く解体業者に売った、その船主は、さらに第三者にその船の「解体の権利」を先に売って二重の所得を得ているからだ。

そして、その「解体の権利」を買った者は他からも同様の「権利」を買い、政府の規定するトン数を集め、代わりに新船を造ることを条件に新船建造の補助金トン当たり五〇円も政府からもらうのだ。しかも、海運界の目下の趨勢ではそれで十分成算はある。で今、三者三様に好条件下にあり、さてこそ解体事業が珍しくも東京湾にも見られるというものなのだ。

……

船舶改善助成施設に応じて建造する新船のために解体しなければならない老齢船を「解体見合船」と称し、その取引価格は輸入のケースにも用いられていた解体船価である。また、『東京朝日新聞』がいう「解体の権利」の売買価格を「解体権利金」ともいった。それらはいずれも一総トン当たりで表した。また、ここでいう補助金の五〇円についても若干の説明を要する。すべての新造船が五〇円というわけではない[1]。さらに、政策意図に関連していうと、「解体の権利」「船の実体」を売却した船主のなかに、所有船の船齢を引き下げたケースのあったことが重要である。政策の効果が広範囲に及んだことを示すからである[2]。

競り上げられた解体権利金

このような政策が始まった当初の解体見合船の解体船価、解体権利金の状況を三二年一一月二〇日『神戸新聞』の「二十円となった解体船価　加賀丸は成約」などでみよう。解体権利を国際汽船に譲渡したうえで荻生海商が加賀丸を二〇円で岡田商店に売却した。この岡田商店は東京の岡田菊治郎商店であろう。同じ紙面の「船価昂騰し解体権利八円」では「解体古船を売船せんとする船主は解体船価が二〇円にまで反発したため、解体権利は八円でも譲渡し、このさい売船せんとする機運となった」とある。『現代日本海運史観』(米田冨士雄著、一九七八年、海事産業研究所)によると、建造船価のほぼ四分の一の助成金を受けることができるという優遇策にかかわらず、当初は助成申請がきわめて少なかったが、年がかわると、申請が相次ぎ、三三年三月末日には一三隻、九万四〇五〇総トンと三二年度の予定トン数をはるかに超過した。

第二年度に入って以降の状況では、三三年一〇月八日『神戸新聞』の「解体船価昂騰し　郵船三隻入札　解体会社は買焦り」が目を引く。解体船価二四円五〇銭で成約のケースが生じたため、日本郵船では解体見合船の若狭丸、河内丸、丹波丸の三隻を入札にかけることにした。伸鉄相場は引きつづいて鈍調だが、解体会社の手持ち船腹が不足となって買い焦りの情勢にあったというのである。船舶改善助成施設によって新船を建造したのは大手船主が多かった。保有船が多かった日本郵船の場合でいうと、六隻を建造したが、それに伴って若狭丸など三隻を含む多くの老齢船を解体見合船とした。したがって「解体の権利」を他から購入することなく、自社分でまかなえたうえ、それらの船の船舶解体業者への売却代金を取得した。

経済誌『エコノミスト』三四年四月一日号の「船質改善助成施設　利用早くも満額」では解体見合船の詳細な分析がなされているが、助成金目当ての新造船競争の結果、解体見合船の奪い合いとなり、解体権利金は最低一〇円から最高一三円まで競り上げられた。解体船価のほうは鉄鋼高、船価暴騰のために貨物船で最高二七円に達した。一方、造船費は三二年のトン当たり一三〇〜一五〇円から続騰の一途をたどり、二〇〇円を突破していると分析している。解体見合船は繋船中の老齢船だけでなく、就航中の船も物色された。

解体古船の輸入も活発化

三四年度に入って以降は解体見合船の解体ラッシュとなり、それも年度末になるにつれて多くなった。三四年六月一〇日『神戸新聞』の「運賃高で解体売船手控」では解体見合船となっていて解体すべき古船が二〇余隻あるが、解体期日が九月以後であり、近海運賃が相変わらず強調なので船主は三〇円以上でなければ売船を希望しなかった。

そのような推移のなかで、三四年度に解体見合船で話題となったのは五月四日『横浜貿易新報』の「震災の大恩人　三島丸解体　遂に春廻り来らず」だった。日本郵船の自社解体見合船となった三島丸は関東大震災当時、横浜港に居合わせて多くの罹災者を救護したが、東京両国の岡田菊治郎商店に買い取られた。

先に引用した『エコノミスト』の分析では、三四年三月末時点で「解体見合船」の解体船価の最高は二七円だったが、船舶改善助成施設が終了する三五年三月にはそれを大きく上回っていた

表4　戦前日本の伸鉄生産と解体船

年	伸鉄生産（1000kg）	解体船（1000総トン）内国船	外国船	計
1931（昭6）	90.4	−	−	−
1932（昭7）	126.3	80.6	152.9	233.5
1933（昭8）	150.3	182.7	302.9	485.6
1934（昭9）	184.0	127.6	209.4	337.0
1935（昭10）	140.0	40.5	147.2	187.7
1936（昭11）	190.0	23.8	88.4	112.2

（注）伸鉄生産は同業組合調べ、解体船は神戸海運集会所調べ
（出所）『日本国勢図会昭和13年版』

ことが、三月八日『神戸新聞』の「最終解体古船　春日丸は落札　四十四円で甘糟商店」によって分かる。春日丸（三七〇〇トン）が日本郵船本社で競売されたが、小型古船としては最高レコードとなった。春日丸は他社の解体見合船となっており、すぐさま解体された。

その間、船舶改善助成施設によって解体された国内船のほかに、並行して輸入船の解体も盛んに行われた。船舶解体業者にとって、伸鉄材や鉄屑の相場が採算のとれる状況ならば、一定の解体古船を手持ちしながら、解体作業をつづけるのが効率上、もっとも望ましい。助成政策によって生まれた解体古船は三四年度末に近づくにつれて増加したが、解体船価は上昇した。それに対して、解体用の輸入古船はもともと国内古船に比べ船価が安いうえに、たとえばロンドン渡しの契約で、国内の解体地までの積み荷が確保でき、運賃市況がよければかなりの運賃を取得できる。さらに解体用輸入船の解体鋼材に対し、輸入税が賦課されなかったこともあって解体業者は競って外国古船を輸入していた。船舶改善助成施設が実施される前年の三一年の解体古船の輸入は、三一年一二月二七日『神戸新聞』にお

いて「今年の解体古船　実に五十二隻　二十七万六千余噸　英国の金本停止に刺戟され」とあるように、輸入船五五隻、二七万九七五一総トンのほとんどが解体古船と活発だった。

それゆえに船舶改善助成施設の実施直後の三二年一一月一五日以降、解体古船の船舶総トン数一トンにつき一円の輸入税が賦課されるようになった政策意図を明らかにする必要がある。この措置は三二年六月の臨時国会で成立した関税定率法の改正による銑鉄輸入の税率の大幅引き上げと同時に決まっていた。銑鉄との均衡を保つために、同じ製鋼原料ともなる解体船から生じる鉄屑への課税であり、税務当局の判断でこちらのほうだけ猶予期間を設けていたのをたんに実施したともとれ、三二年一〇月八日『大阪朝日新聞』経済面の「輸入解体船への課税愈よ実施…」はそのトーンで貫かれている。

一方、この章ですでに引用した『現代日本海運史観』では三二年一〇月、船舶改善協会が解体用外国船の輸入増加が国内古船の解体を困難にし、ひいては船舶改善助成施設の遂行を阻止するおそれがあることを理由として課税を建議していたことを重視し、その結果だとしている。同じ『大阪朝日新聞』の一二月一六日の社会面に載った「師走　海から転げ込む一万両　大阪への解体船の初関税　そこから波紋の種々」は課税推進運動を大きな要因に挙げている。その時点で猶予期間を打ち切ったはなぜかということになるので、運動が引き金となった措置だったとみるべきであろう。また、「これにより従来から課税されていた鉄鋼材以外の解撤諸品に対する税額と合算すると、船舶一総トン当たり約二円の課税となる」と同書がいっているように、それが「初関税」ではなかったことだけは付け加えておこう。それとともにこの課税措置によって解体用外国船の輸入にさしたる影響を及ぼさなかった事実がもっとも重要である。

解体船のメッカ・大阪では

三二年一一月二二日『大阪朝日新聞』の「景気来る海の彼方から『為替の狂瀾』にのって古船の解体作業しきりに　大阪解船街の繁栄」は三二年四月頃から動き出した木津川尻（河口）、尻無川尻の好景気がテーマだった。日曜の休みもなく一〇〇〇人を超える職工が働き、バラした船材は大阪市内をはじめ神戸、東京、横浜方面の製鋼所に送られていることや、三和商事が六〇万円で購入した英国キューナード汽船のカロニア号（二万トン）など海外から巨大な解体古船が輸入予定であることが報道されている。

「為替の狂瀾」は前年一二月の犬養内閣の登場とともに断行された金本位制からの離脱によって円の対外為替レートが安くなったことを指す。となると、解体古船の輸入にはマイナスに働くはずだが、鉄や鉄屑のほうが海運不況下の外国の解体古船よりも価格の上昇率が高かった。加えて、満州国への輸出や軍需景気によって鉄や鉄屑の需要が急速に高まっていた。したがって大阪の解船街が活気づいたというわけである。

三三年五月一二日『大阪毎日新聞』には「二万四千トンの豪華船、木津川へ　四哩《マイル》を八時間かかって屠船場へ　まさに解体船の新記録」が載っている。元英国ホワイト・スター会社のバルチック号（二万三九八八総トン）を大阪港外から買い主、北川浅吉の解体作業現場がある木津川に曳航したようすを描いた。木津川の水深が一・五～二メートルしかないために曳航のコースだけは六メートルに浚渫して、満潮時にそれもゆっくりと実施したのが船の大きさ、曳航時間とも新記録になった。

このバルチック号を含めて当時、木津川尻で解体されている大多数の解体船は外国汽船であり、そのほとんどが英国の大西洋航路の客船ばかりだと報道しているのが三三年六月二八日『大阪朝日新聞』の「船からビルディングへ　建築材料に化ける優秀船」である。「家庭カメラ読本」と題する連載記事の第一回であり、解体中の船として最大のバルチック号をはじめモエラッキー号、バアドアー号、マカリア号、メガンチック号、バーセウス号、豊前丸、天龍丸、沙河丸の名が挙がっている。そのうち、豊前丸、天龍丸はともに船舶改善助成施設における国際汽船の新造船、清澄丸の解体見合船だった。

解体船輸入は国内の伸鉄材需要の動向や内外の解体船市況、運賃や用船市況など、さまざまな要因によって左右される。北川組のバルチック号の場合は、引用した『大阪毎日新聞』において「大阪港外にながらく巨体を浮かべていた」とあるように、購入時の価格とともに、解体船の手持ち量、あるいは伸鉄材の需要動向を見極めることも解体の着手には重要だった。

軍需景気で古船輸入活況

ここで船舶改善助成施設が実施されていた間の解体船の状況を、国内の新聞のなかで際立って細かな報道をしていた『神戸新聞』経済面によって裏付けよう。船舶改善助成施設が実施されてほぼ一カ月半後の状況が三二年一一月一六日「再び台頭の外船輸入　内地古船は割高」に表れている。助成政策実施以降、内地古船の解体引合が台頭したために、外国古船の引合はまったく中絶したが、内地古船の解体買船がはかばかしく進まなかった。解体業者は手持ち船舶が減少したので最近、外国古船四隻を買約した。これで三二年の解体輸入古船も一八隻、一五万二七一四総トンに上ったとあるところからすると、三一年ほどではなかったにせよ、それなりの輸入を記録したといえよう。これは先に引用した大阪・木津川尻の外国古船の解体の活況ぶりとも一致する。

伸鉄相場に波乱はみられたが、三三年一二月二九日「伸鉄奔騰　解体殷盛《いんせい》　八十五隻に上る」にみるように、三三年の全般的動向としては外国古船の輸入が激増したばかりでなく、内地古船の買船引合も活気づいた。軍需工業が盛んとなり、鉄材の需要が台頭したのが外国古船の輸入激増につながった一方、船舶改善助成施設による解体見合船の売船引合によって活況だったというのである。八五隻のうち輸入船だけを取り上げると四二隻、三〇万二八七八総トンであり、一二月一二日の記事で補足すれば前年に比べると一五隻、一五万六二〇六総トンの増加をみた。三四年度に入って八月五日には「伸鉄高で外国巨船輸入　内地古船は三十円以上」といった状況だった。伸鉄相場が先高気配、屑鉄需要も引きつづき旺盛であり、解体古船の買船引合は活発だが、国内の解体船市況が高く、しかも先物なので、解体業者は外国古船を物色し、一万八九四〇トンの巨船を成約した。どこの市場で手当てしたかには触れていないが、おそらくロンドンであろう。

解体にまつわるエピソード

割安な輸入古船を求める傾向がその後、ますます強まったことが三五年三月一三日『神戸新聞』

（夕刊）の社会面のニュースとなった。「古船買いましょ　外国船を買いに出る解体業者　続々と神戸港を出帆」である。「貿易日本を表徴する解体業者の海外躍進――」と出だしから勇ましいが、要は大阪、神戸の船舶解体業者が購入した古船をロサンゼルス、シドニー両港から回航するために、それぞれ三〇人程度の運航要員を派遣したというのである。「船賃使って多人数を派遣し、日本まで持ってきて、なおかつ利益を得るというのだから、木津川解体工場の活況とともに、日本の解体業者の鼻息はすこぶる荒い」と記事は結ばれている。

一方、船舶解体業者が大きな利益を上げていたことを表したのがそれに先立つ三四年六月二三日『大阪毎日新聞』の「解船屋さんも長者番付に登場　住友男〔爵〕の所得百六十万円　税金に映る軍需景気」である。軍需工業の活況によって、本年度税額（三三年分）は大きな増加をみせたが、そのなかでも鉄工業が集積している大阪西税務署管内の所得の増加率は目覚ましく「一躍一〇万円以上の決定通知を受けるものが一二、三名に上る状態で解船王、岡田勢一、北川浅吉両氏らの顔ぶれがはじめてこの長者番付に登場した」とある。

解体船業界に統制の動き

ここで船舶改善助成施設が実施された後の船舶解体に関連する業界全体の動きもみよう。解体船の輸入や売買における過当競争を避けるために、大阪の船舶解体業者が中心となって統制団体である日本解体船三日会を結成した。三三年一一月一六日『神戸新聞』の「解体業者の統制会生る　競争を避ける」、一一月一九日『東京朝日新聞』の「解体船業務　急速に統制確立へ動く　過渡的便法に強固なカルテル　三日会近く成立」によると、会員として北川組、岡田組、坂本商店、福島商店、木本商店、三輪商事、奥小路商事（以上、大阪）のほか宮地商店、広中商店（以上、神戸）、岡田菊治郎商店（東京）、甘糟合名（横浜）が挙げられている。

一方、『神戸新聞』の三三年一二月二日「仲介業者の解体仲介同盟」、三日「解体仲介同盟の分前協定　信認金二万円」によると、解体業者と解体古船の船主との間の仲介業務をしている日神海運、水島商店、佐藤勇太郎商店など六社によって、解体仲介同盟会が組織され、三日会と提携していくことになった。そして日神二割六分、水島二割……といった「分け前協定」を結び、一二月四日に行われた日本郵船の神奈川丸、佐渡丸など三隻の入札に当たって同盟会として交渉することになった。

ただし、三日会の団結が強固だったとはいえない。三四年四月には『神戸新聞』において日本郵船の三島丸など三隻売却のさいに会員の一社がひそかに直接、高値で買船して問題化したと何回かにわたって報じられた。その結果、四月二二日「解体三日会の統制崩壊　外船一隻輸入」が示すように、無謀な競争は相互に自重し、自由に引合をすることに決定し、その形で一隻が輸入された。しかし、五月二二日「屑鉄高で米船三隻買約」では三日会が米国で買約したとあり、それなりに機能していたことが分かる。ところが、八月九日「解体古船払底から　仲立協同会解散　再び引合は競争となる」では三日会の協同輸入困難に伴った措置とあり、この時点では完全な自由競争となったとみられる。

一方、船舶解体業者から伸鉄材を購入する立場にある伸鉄業界のほうはメーカーが多いうえに、主要製品である丸鋼（丸棒）については屑鉄を主原料とする平炉メーカーなどと競合し、丸鋼市価をとかく売り崩してしているという批判を浴びていた。三三年八月二六日『東京朝日新聞』の「丸鋼の次期限産　現行生産基準の一割に決定　全国共販愈結成さる」によると、鋼材連合会の日本丸鋼共販組合が前日、正式に設立された。その頃、伸鉄業界内部にも統制の動きがみられた。『鉄鋼問屋変遷史』（深崎正號著、鉄鋼春秋社、一九八九年）によると、三三年五月に大阪伸鉄工業組合、次いで三四年三月に東京伸鉄工業組合が設立認可され、一二月には東西伸鉄工業組合が組織された。

規模縮小された第二次施設

三五年三月末で打ち切られる船舶改善助成施設に対しては、早い時期から延長を求める声が海運、造船両業界、さらに国防の面からも高かった。そのような背景の下で、実施されたのが三五年度から始まった第二次船舶改善助成施設である。以降、これまでたんに船舶改善助成施設と述べてきた政策に第一次を付けるが、第二次助成施設は新造、解体ともに各五万総トン、助成金総額一五〇万円の規模で実施された。船舶解体業者にとって重要なことは第一次では約四〇万総トンの解体古船が発生したが、それが五万総トンにとどまったこと、加えて新船の建造許可の日から三カ年以内に解体すべきことと、解体期限が長期に定められたことであろう。

『船舶改善協会事業史』によると、施行細目を規定した逓信省告示が三五年四月一一日付で公布されたが、一七日には申請が早くも完了した。新造船は合計八隻、四万九七六〇総トンであり、解体船は一二隻、五万二七九八総トンだった。長期の猶予期間があったために、三五年度内に解体されたケースはなく、翌三六年度に日本郵船の解体見合船である同社の春洋丸（一万三〇二六総トン）一隻が解体されたにとどまった。

春洋丸は天洋丸、地洋丸と並んで東洋汽船のサンフランシスコ航路の花形トリオだっただけに、その解体当時のようすが三六年九月一二日『神戸新聞』の社会面「悲運の春洋丸　長期繋船のレコードを樹立し　遂に解体見合船へ」で報じられた。休航の宣言を受けて、横浜港と同様に思い出が多かった神戸港の沖合に繋船されたのは三四年一一月であり、海上の観光ホテルにするなどの話もあったが実現をみなかった。一〇月六日の夕刊社会面にも「春洋丸大阪へ　繋船の新レコードを樹立し　哀れ解体の曳航　郵船から横浜の甘粕商店へ身売り」と報じられている。「ロープをかけ、時速四海里のスローモーションで出港……」と描かれているが、第四章の細田重良さんの証言に沿うと、甘糟商店が大阪で下請けを使って解体したということになる。

強まった古船払底の情勢

三六年度に実施された第三次船舶改善助成施設は新造、解体とも第二次と同じ各五万総トン、助成金総額一五〇万円の規模であり、解体の猶予期間も三カ年以内と同じだった。『船舶改善協会事業史』によると、三六年六月一日に申請受け付けが始まったが即日、完了した。新造船は合計九隻、五万九〇〇総トン、解体船は合計一三隻四万七二三五総トンだった。新造は三六年一一月に完了したが、解体のほうは猶予期間があるために三六年度末までには一隻もなかった。第二次助成施設が立案された時点において、すでに解体見合船とすべき古船の払底が大きな問題となっていた経緯がある。

三五年四月以降の『神戸新聞』の経済面では国内の解体船引合の関連記事が目に付かない状況になっていった。三六年一月一四日「昨年中の解体汽船　十八万七千総噸《トン》」において、輸入古船の解体が三四隻、一四万七一九〇総トンだったのに対し、内地古船は九隻、四万四六八総トンにとどまったことに符合する。三六年に入っても、同じような状況であり、一〇月二九日「古船一掃され　解体工場改造」では「第二次船舶改善助成施設によって解体すべき古船は三八年三月まで運航を継続することになっているので、解体会社は事業を縮小すると同時に副業に努力し、シャーリング工場に改造されたものも少なくない」と注目すべき動きを報じている。

その後も、船舶改善助成施設による解体は進まず、三七年六月一五日『神戸新聞』の「輸入古船の解体　期限延長要望起る　船腹不足の現状に直面して　逓信省も承認せん」という事態となった。見出しの輸入古船は、記事内容を見ると、明らかに解体見合船の間違いだが、先に述べた日本郵船の春洋丸のほか大連汽船の萬達丸（三六五一総トン）が第二次分として解体されたのにすぎず、解体期限延長の要望が起きたことになる。

『船舶改善協会事業史』によると、解体期限は当初、第二次は三八年五月一五日、第三次は三九年五月末となっていた。しかし、第二次、第三次とも延長を重ね、太平洋戦争下の四二年四、五月にいずれも「当分の内」延長の結末となった。したがって第二次は先述の二隻、第三次も二隻の解体にとどまった。

解体古船の輸入にも変化

一方、解体古船の輸入のほうも三六年に入ると、①七月一一日「中古汽罐利用の中型建造二隻北川商店の解体古船」、②四月二一日「中国古船の解体輸入引合　新北京号は転売」といった大きな変化を象徴するニュースがある。

①のケースは解体古船として輸入された外国船の汽機、汽缶などがまだ十分に使用できることが発端であり、船舶解体業者の北川商店が山下汽船と提携して浪速汽船を設立したうえで、浪速汽船がそれらを使用して中型汽船二隻を新造するという内容だった。軍需インフレによって新造船価が高騰したことが背景にあった。『社史——合併より十五年』(山下新日本汽船、一九八〇年)に「浪速汽船の設立」が記述されている。このような変則建造が行われたのは当時、船価の八〇%が材料費で占められていたために中古機関を取り付けるだけで船価を大幅に引き下げられたからであり、竣工した四〇〇〇トン級の浪速丸と武庫丸はニュージーランド専航船としたとある。[3]

解体船価がロンドン市場で二ポンド以上、ニューヨーク市場でも一〇ドル以下では売船しなくなった状況が②のケースの背景に存在する。大阪市場の伸鉄相場が七五円と上昇したが、外国古船を輸入解体するのにはまだ採算が困難であり、手持ち船腹が減少した船舶解体業者は休業しなければならない窮状となった。そこで中国古船の引き合いに力を注いでいるが、国内で船舶解体業者間で転売のケースも生じたというのである。

この頃ともなると、欧州各国でも老齢船を主体とする不経済船の解体が進んだことが解体古船の船価上昇につながり、繋船中の船舶も減少していた。さらに三五年のイタリア・エチオピア戦争、ドイツの再軍備、翌三六年に入るとドイツ・オーストリア軍事協定の締結、ロンドン軍縮会議の不成功と、国際情勢は激動した。各国の軍需物資の調達が活発化し、欧州、北米の小麦の不作が南米・豪州からの穀物輸送を増大させた。長年にわたった世界海運不況から脱却する局面となり、海外においても解体古船が出にくい情勢となったのである。

そのようななかで、米国に目が向けられたことが三七年二月四日『神戸新聞』の「花形船の身売　解体されるロスアンゼルス号　値段は六十八万円」によって分かる。アメリカ豪州航路で「南太平洋の女王」と謳われたロスアンゼルス号を大阪の船舶解体業者、坂本盛一が購入し、曳航のために船長以下三〇名が神戸からサンフランシスコに向かう。買価約六八万円、その予想利潤ざっと一五万円とみられ、鉄払底の折から話題を賑わせた。次いで、これも『神戸新聞』だが、三月五日の夕刊に「鵜の目、鷹の目、鉄漁り　遂に小型船へ　アメリカへ二千噸《トン》級迎えに　廿五名が出発する」、さらに三月一九日の夕刊にも「また解体船買入　今度はロイド級の一級船だ　廿七名回航に渡米」が載る。いずれも岡田組の岡田勢一が購入した。

第七章「変態輸入」と沈船引揚時代

尾を引く運航用古船の輸入禁止

一九三六（昭和一一）年末、ワシントン海軍軍縮条約が失効し、三七年から海軍軍縮無条約時代に入った。あらゆる分野で戦時体制が本格化し、予備艦船ともなりうる商船隊の整備・拡充が緊急に求められる事態となった。その状況下で、三次にわたった船舶改善助成施設に代わって三七年度から実施されたのが「海運国策」である。政策の軸である優秀船舶建造助成施設は四年間で合計三〇万総トンの速力一九ノット以上の貨客船、貨物船、油送船の建造を目指した。これまでの脈絡において、もっとも重要なのは船腹不足という状況変化の下で古船解体を伴わないことだった。

並行して、海運国策がスタートした頃、事実上、禁止されていた運航用外国古船の輸入に大きな変化が訪れようとしていた。この問題は船舶改善助成施設のスタート時点に発端があった。中国からの租借地である大連など遼東半島南部の関東州にあった大連汽船が山下汽船と提携し、英国から中古船舶を購入し、満州国から欧州向けのダイズなどの輸送に当てようとしたことが三三年に入って大きな政治問題に発展した。船舶行政を所管する逓信省（南弘・逓相）が老齢船を減らすという船舶改善助成施設の本旨に反すると購入を認可した拓務省を非難した。海軍省は「艦隊背後の商船隊の優秀化を図る」[1]という国防的見地に基づいて助成施設の趣旨に賛成したとし、永井（柳太郎）拓相も閣議に上程された時点では賛意を表したではないかと反発した。

もともと、運航用外国古船の輸入は、海運業界内部において利害の対立がみられた。中小船主は老齢船の解体によって船舶が減少することを見込んで船舶改善助成施設に賛成した。外国古船が輸入されて、用船料、運賃の上昇を抑えられては賛成したメリットは失われる。一方、同じ海運業者でも中小船主の船舶を用船して運賃をかせぐオペレーターは船舶が不足するのはなによりも困る。山下汽船はその代表的存在だった。

この紛争は大連汽船によって回航中の六隻は輸入を認めるが、引合中の一二隻は認めないなどとした逓信、拓務両省間の協定を三三年四月一一日に閣議決定してようやく決着をみた[2]。それとともに、船舶輸入許可規則が逓信省令として内地で五月二四日に公布・即日施行され、その後、一〇月中旬までに朝鮮総督府令、台湾総督府令、関東庁令が相次いで公布された。規則の内容は「船舶を輸入または移入せんとする者は解体の場合を除き、当分の間、逓信大臣の許可を必要とすること、ただし船舶輸入許可基準に基づき、わが国の海運業、造船業にあまり影響の少ない船齢五年未満、速力充分な船舶については、そのときの状況に応じて許可する」としたものだった。この船舶輸入許可規則によって運航用中古船の輸入は事実上禁止された。

副産物としての「変態輸入」

一方、船舶輸入許可規則の実施による副産物として活発化したのが変態輸入船、今日的表現でいえば便宜置籍船である。『社史　合併より十五年』（山下新日本汽船）によると、山下汽船は三三年、ロンドンに名義上は英国人株主二人だが実際は一〇〇％子会社のブライト・ナビゲーション社を設立した。そして三五年七月に同社名義で四隻の中古船を購入、船名をブライト・オリオンなどと改名のうえ、英国籍のまま、山下汽船が用船したとある。次いで「これらの船を便宜置籍船とした理由は船舶輸入許可規則の施行に伴い、安価な外国中古船の輸入が事実上不可能となり、また従来のように大連置籍による輸入も禁止されたためである。この四隻はいわば変態輸入船であった」と記されている。

『神戸海運五十年史』（神戸海運業組合、一九二三年）が大連置籍船は一九一一（明治四四）年の改正関税実施後、輸入関税を免れようと船舶輸入税の規定がなかった関東州に着目し、翌一二年に実現したのが始まりだったと記述しているように便宜置籍船の歴史は古い。ところが、新たな海運対策を打ち出す段階において、「変態輸入船」として問題化したケースは輸入船を中国人名義とし、船籍を中国に置いて形式上は外国船とし、実質は日本船と同様に運航するケースが主体だった。当時の中国では少額の名義料を支払うだけで中国人の名義を借りられた。『日産汽船の歩み』（日産汽船友和会、一九六五年）によると、変態輸入船には、①割高な輸入税賦課を免れる方法で、買船すると、直接に輸入せず、第三国人の名義で大連籍、または中国籍とし、その船を割安用船料で用船して運航する、②為替管理令の関係で、買船しても送金できない船は、第三国人に買船させ、割高用船料で用船し、運航しながら船価をなし崩し式に支払う——の二つの種類があった。『社史　合併より十五年』においては細かな経緯や手続きには触れていないが、山下汽船はブライト・ナビゲーション社の四隻を三六年五月に青島置籍とし、高星、肇星、吉星、寿星と船名を変更している。

また、海運会社のほかに、この時期の中国置籍の変態輸入船は、輸入した解体古船を船舶解体業者が転用したケースが多かったのが大きな特徴である。解体用の船舶だから購入価格は安い。しかも輸入税のかからない中国に船籍を置くのだから、船自体にかかるコストはきわめて低い。運賃市況がよいときはいうまでもないが、たとえ悪化しているときでも、その分だけ競争力がある。運航や配船を巧みに行えば大きな利益を上げえた。このような中国置籍船を試みた船舶解体業者は岡田組、宮地商店、北川組、甘糟合名会社などだったとされる。それらの業者には船舶運航のノウハウはない。言い換えれば、それらの船舶を用船して運航する海運会社の存在が不可欠だった。利用したのは山下汽船、川崎汽船、日産汽船など有力オペレーターだった。

逓信省には「厄介な存在」

どのような形態にせよ、変態輸入船は船舶改善助成施設を円滑に遂行しようとする側、すなわち逓信省などからすれば、それを阻害するばかりか、他の船主にとっては運賃市場を圧迫する存在だった。ただし、一般的にはそのような事実は表面にはなかなか出なかった。ここまでの変態輸入船の記述は第二次世界大戦後に発刊された海運業界の社史などによる場合が多く、当時は『日

本国勢図会　昭和十三年版』（矢野恒太、白崎享一編、国勢社、一九三八年）に載った「外国置籍船」の解説に「日本人の所有でありながら、船籍を中国、英国、ノルウェー等の外国に置くものが相当多いことは一般に想像するところであったが、いくばくに達するやは従来知るよしもなかった」と記された状況だったのである。

しかし、三五年頃ともなると、日本の海運業の本拠地での発行といってよい『神戸新聞』では、変態輸入の表現を用いたニュースが多くなっていた。以下、神戸新聞を引用し、三七年度から始まった海運国策が打ち出される時期に至る報道のようすをみよう。三五年六月三〇日の「仲鉄安で　輸入船運航か」は仲鉄相場が続落して五八円台となっているので、解体としての輸入買船は困難であるとしたうえで、「過般、奥商事〔奥小路の誤植？〕に輸入が契約されたピキング号（四二六一総トン、一九〇五年建造）は運航を目的としているとのことで、あるいは中国置籍となるのではなかろうか」と報じている。

三六年に入ってからは、五月二八日「外船の脱法的輸入阻止　変態輸入船に鉄槌…」といった記事が現れる。法律の制定によって逓信省が阻止に乗り出そうとし、大蔵省は高率な課税をかけようと検討していた。同じ紙面の「逓信、大蔵両省の解釈が一致せず」が両省間に存在する微妙な違いを浮き彫りにしている。いずれも脱法行為が前提となっているのだが、逓信省は変態輸入を承認せず、解体するか、外国に転売させる方針だった。大蔵省による高率課税を船主が支払えば、その所有権を承認したことになり、逓信省の所有してはならないという方針に反するというのが解釈の不一致ということになる。そのような状況のなかで、変態輸入の中国置籍船はさらに増加した。

政策転換を促した日中戦争

ここであらためて、三七年度から始まった海運国策実施後の運航用古船の輸入再開の動きを『東京朝日新聞』の報道で追うと、四月二四日「船舶難と物価高に　商相、古船輸入提唱　逓信省の賛同を期待」に始まった。鉄鉱石、スクラップ、硫黄、工業塩などの主要工業原料品が船腹不足のため、意外な高率運賃に悩まされ、内地の物価高に拍車をかけているので、逓信省の古船輸入許可制の基準の緩和を伍堂（卓雄）商工相が逓信当局に交渉するという内容だった。四月二五日「古船輸入　船主と貿易業者の利害微妙に対立　逓信省の態度も慎重」では、それぞれの立場の相違を分析している。すなわち、船主は立場によって多少の相違はあるが、表面は外船輸入許可を歓迎するようなジェスチャーをとりながら、内実は運賃相場の軟化を危惧している。一方、輸出入業者は船腹不足と運賃過重負担が貿易を阻害し、高物価を激化させていると主張しており、逓信省は運賃高騰は世界的現象なので調査研究の上でなくては軽々に賛同し難いとした。

この状況に決定的な影響を及ぼしたのは三七年七月七日に起きた日中戦争だった。中国置籍の変態輸入船は中国沿岸への配船が困難となったばかりか、中国に没収される懸念が生じたのである。このような情勢下、永井（柳太郎）逓相が七月三一日、談話の形で政府の海運緊急対策を発表したことによって、それまでの優秀船建造主義の海運政策は転換し始めた。外国船輸入許可制は緩和しなかったが、日本の沿岸貿易を禁止されていた関東州置籍船、一般外国船に対して当分の間、それを特許したからである。

外国古船の輸入容認に踏み切る

政府が海運緊急対策を発表して間もない時点の三七年八月八日『神戸新聞』は「変態輸入船の全貌　隻数＝百六十三隻　総噸《トン》＝四十八万噸《トン》」を載せた。「わが海運界における船腹不足を緩和するため、いわゆる変態輸入汽船に対し、逓信当局では関東州置籍船と同等の取り扱いをなして本邦沿岸貿易従事を特許することになったが……」に始まる記事は、それらの船が七月末現在で一四九隻、四一万一四一四総トンあるが、そのうち所有者が判明していないのが七九隻、一三万一四九〇総トンに達しているとする。そして四一万一四一四総トンのうち、中国以外に置籍されているのは一〇隻、四万九〇八五トンある。掲載された一覧表を参照すると、一〇隻の置籍港はノルウェーが六隻、ロンドン、マニラ各二隻である。したがって中国置籍船が大部分となる。見出しに謳われた隻数、総トン数との差は宮地商店がロンドンと北米から各七隻を回航中であり、それらは中国、あるいはマニラに置籍されるとして加えたためである。三七年に入って欧州では解体古船が出にくい状況となり、米国に目が向けられていた。それとともに、変態輸入の相手国としてもクローズアップされていた。

一方、政府による海運緊急対策実施後も運賃、用船料の上昇は止まらず、国家管理の必要性が高まったので三七年九月に開かれた臨時国会で臨時船舶管理法が成立し、一〇月一日に施行された。その目的は、①重要物資の需給調整、②物価対策、③海外航権の保持だったが、外国船輸入に関連しては同法第三条において外国古船の輸入を容認したことであり、本章の記述の脈絡でいえば中国置籍の変態輸入船の輸入を図ったことが大きな政策転換だった。

異なる変態輸入船の数字

臨時船舶管理法施行後の三七年一〇月五日『神戸新聞』の「変態輸入汽船の処理法原案決る…」では、神戸新聞社の調査として、変態輸入船はすでに存在するのが八四隻、六五万一五三九重量トンあり、契約をすませている三七隻、二五万重量トンを加えて一二一隻、ほぼ九〇万重量トンとなっている。八月八日の紙面よりも隻数は少ない半面、トン数は重量トン・ベースなので大きく表れている。ここで注目されるのはすでに存在する八四隻、六五万一五三九重量トンの内訳を解体業者所有船五五隻、四一万九三三八重量トンと船主所有船二九隻、二三万二二〇一重量トンとして、それぞれ個別の所有者を表示していることである。隻数だけでいうと、解体業者では宮地二一隻、岡田一四隻、北川八隻、坂本四隻、甘糟三隻等の順であり、船主では山下汽船系、日本産業系各六隻、大同海運系四隻が多い。

ちなみに変態輸入船がどのくらい存在したかの数字は出所によって異なっている。一例を挙げれば『日本国勢図会　昭和十三年版』は臨時船舶管理法によって輸入が可能となった結果、およそ分かった外国置籍船として七五隻、五六万六三三二トンとしている。この場合、外国置籍船は変態輸入船とほぼ同じ意味で用いている。一方、『神戸新聞』によって、船主では山下汽船と並んで変態輸入船の所有が多いと指摘された日本産業系の日産汽船の社史『日産汽船の歩み』は「俗にいう変態輸入船とは外地置籍船で正式輸入許可により、日本船籍となった船をいう」としたうえで、「昭和一三（一九三八）年頃までに変態輸入船といわれた日本船は約五〇万トン近くあった」と記述している。

この二つの数字は総トン、重量トンのいずれか明示されていないが、おそらく総トンであろう。また、少なくとも前者の外国置籍船が必ずしも全部、正式輸入されたとはいえない。さらに『日産汽船の歩み』が「一応、用船の名目で船舶の運航権を獲得、用船料支払いによって、船価をなし崩し決済する方法は昭和一五（一九四〇）年頃まで継続された」といっているところからすると、どの時点をとるかによって数字が違ってきてもおかしくない。

一方、変態輸入船の正式輸入認可も一斉に行われたわけではない。ここでも『神戸新聞』の記事を追跡すると、三七年一一月五日「船舶管理法による初の変態船輸入許可　解体命令権等の条件つきで　山下汽船申請の四隻」が載る。いずれも八〇〇〇重量トン級で一九一三年から二〇年にかけて建造された高星号、肇星号、吉星号、寿星号の四隻だった。これらの船名に記憶があるかもしれないが、山下汽船のロンドンの子会社が購入し、英国籍のまま運航し、その後、青島置籍にした船だった。日本籍船として日の目を見ることになったわけで、山菊丸、山藤丸、山萩丸、山百合丸と改名された。それ以降、いくつかの関連記事が見られるが、三八年三月六日「変態船の輸入許可五十五隻　残り十隻となる」では重量トン・ベースで一月末までに四八隻、三五万六七〇〇トン、二月中に七隻、四万八〇〇〇トン、合計で五五隻、四〇万四七〇〇トンが輸入許可され、残る一〇隻、八万トンも三月中に許可される模様だから合計六五隻、四八万四〇〇〇余トンになろうとしている。

このような状況だったからこそ、三七年一二月二一日『読売新聞』神奈川版に載った中国置籍船が「漂流の七名を救う　きのう臨港署へ顛末を報告」というニュースが生まれたといえる。救助したのは青天白日旗を掲げて川崎港に入港した中日海運会社の貨物船、隆和丸（一二四〇トン）だった。お手柄の人たちといった形で幹部船員三人の並んだ写真が添えられているが、いずれも日本人である。また、隆和丸が漂流中の高知県の発動機船を発見したのは同県の室戸岬沖合であり、九州・三池港から硫安を満載して川崎港に向かう途中だった。

出現した新たな国内大船主

数字が異なる状況が一方にあるのだが、変態輸入船の所有者に船舶解体業者が多かったことは紛れもない事実であり、臨時船舶管理法によってその輸入が可能となったことによって、一部の解体業者が国内の大船主として登場した。日本海運集会所発行の『昭和十三年上半期　海運及経済調査』がその状況を明らかにしている。船主の項目において「解体商宮地商店、海運業に進出の為め　宮地汽船及び興国汽船の二社設立」「解体商北川組、北川産業海運（株）を設立して海運界に進出」「解体商、岡田組、株式組織に変更の上海運業に進出」が列記されている。それぞれの記述内容を紹介しよう。輸入に関しては、いずれも臨時船舶管理法によって三八年六月までに正式輸入された数字である。

神戸の宮地民之助は三七年来、米国政府から多数の船舶を払い下げ輸入（一部は輸入前、一時中国置籍）したが三八年一月、宮地汽船（株）、興国汽船（株）を設立し、それら船舶を分有させ、両会社に一部出資をした川崎汽船に運航を委託した。正式輸入したのは一四隻、六万三一九四総トンである。大阪の解体商、北川組は解体を目的として近年、多数の外国船を購入したが、船価高騰のため、修繕のうえ運航することとして主として中国方面に置籍して山下汽船、大同海運、三井物産船舶部等に用船に出していたが、三七年一二月に解体部の他に船舶部を設け、さらに三八年一月、変態輸入船の輸入許可と同時に両部を統一して北川産業海運（株）を設立した。正式輸入したのは五隻、二万四一九三総トンである。なお旧北川組が山下汽船と共同出資して設立した太平汽船が二隻、一万八七三総トンを輸入している。旧北川組が外国で購入した船舶を譲り受けた。大阪の解体商、岡田組は解体のため輸入した外国船数隻の解体を見合わせ、運航していたが、組織を変更し、（株）岡田組を設立、海運業に進出した。臨時船舶管理法によって正式輸入したのは七隻、二万九四九一総トンである。

一方、山下汽船もメンバーである山下グループが発行している『社報』の三九年一月号に「新興船主五人男」なるゴシップが載っている。船腹不足が深刻化し、運賃や用船料が高騰するなかで、新たに登場した船主のうち、際立っている五人を紹介しているのだが、すでに名前が挙がっている三人のほかに甘糟浅五郎と竹中治[3]が加わっている。竹中を除く四人の紹介内容も日本海運集会所の調査と重複を避ける形で紹介しよう。

まず、宮地民之助についてだが、「（当初は）『宮地船具店』を営み、かたわら船舶の解体方面にも手を出していたそうだ」とある。輸入が認められたことによって、現在は宮地汽船（宮地の単独会社）が四隻、興国汽船（川崎汽船と共同出資）が一〇隻、興国産業（主として宮地出資）が二隻と合計一六隻の堂々たる大船主となった。このほかに、いまなお七隻の外国置籍船を所有している。

後のことになるが、宮地は四一年二月、日本海運報国団に多額寄付をして話題となった。二月二三日『神戸新聞』は「水夫から叩きあげた　宮地社長の寄附　ポンと五十万円！」と報じている。日本海運報国団とは戦時色が一段と濃厚となった四〇年一一月に海洋精神の昂揚や船員の整備、養成などを目的に政府、船主、船員が一丸となって組織された。宮地は日本の海運界を背負っているのは第一線の海員であり、その福利厚生を図らなければならないというのが持論だと紹介されている。(4)

『社報』の記述に戻ると、中国置籍船を輸入したほか、さらに一万トン級二隻を新造し、現在、一〇隻の大船主となり、目下、なお四隻を建造中だと紹介されているのが海難船の引き揚げ、解体業等を本業としていた岡田勢一である。新造した二隻とは時期的にみて、同じ『社報』の三八年六月号に載っている「国際汽船建造中の二隻は国際に裸用船付きで大阪岡田組に転売された」に該当するとみてよい。いずれも九六〇〇トン、価格はそれぞれ三一〇万円とあり、一万トン級二隻との記述にも合致する。裸用船とは船員を乗せないで、用船に出すことである。また、宮地が日本海運報国団に五〇万円を寄附したのと同様に、新聞記事等によると、岡田も四一年四月に開校した徳島県立謂城《いじょう》中学校（現在、県立城北高校）の建設費に六五万円という巨額の寄附をしている。

そのほか、北川浅吉については、最近まで解体を専門としていたと紹介され、北川産業海運が五隻の輸入船のほかに目下、四二〇〇トン型二隻、二八〇〇トン型三隻を新造注文中とある。また、横浜で洋酒卸売、ならびに解体方面にも手を出していたそうだという甘糟は、甘糟産業汽船を設立、七隻を所有し、目下数隻を新造中というように、いずれの船舶解体業者も海運業進出に積極的だった。

画期的だった屋島丸の浮揚

船舶解体業者が新興船主に変身を遂げている過程において、本業の船舶解体においても大きな変化がみられた。解体船の購入が困難になる過程で沈船引き揚げ—解体の形式が主体となったことである、言い換えれば国策に沿った沈船引揚時代の到来でもあった。海上保険と結びついて、本来的に沈船引き揚げを担ってきた海難救助業界では三四年九月、日本サルヴェージが設立されたことによって一社体制となっていた。[5] その一方、解体目的で沈船も引き揚げてきた船舶解体業のほうも実績を積み上げて、日本サルヴェージと競い合うようになっていたのである。その意味では、三九年六月の屋島丸の引き揚げが、沈没船を海底で解体せずに再生利用を徹底させるうえで画期的な出来事だったといえよう。

遡ってみると、屋島丸の引き揚げが話題となったのは三六年八月一八日『神戸新聞』の「遭難の両巨船に引揚の計画進む　深海に眠る屋島、みどり丸　近く作業を開始？」あたりであろう。ベルリン・オリンピックの二〇〇メートル平泳ぎで前畑秀子が優勝して、日本中が沸いた直後のことである。屋島丸、緑丸はいずれも大阪商船の別府航路の客船であり、三三年一〇月と三五年七月に神戸須磨沖と小豆島沖で相次いで遭難している。解体古船の入手難のなかで数日前、船舶解体業者から神戸水上署へ内々に引き揚げ作業に関する問い合わせがあった。

ほぼ五カ月経た三七年一月二七日『東京朝日新聞』（夕刊）に載った「鉄飢饉には沈没船にも未練　屋島丸引揚　海底で爆破作業」となって話が具体化してくる。この時点では海底で爆破したうえで、鉄屑を引き揚げる計画であり、今治市米屋町の渡辺菊助から神戸水上署に引き揚げに関する願書が提出された。渡辺は以降の報道によると、今治市会議員だった。最終的に岡田組が引き揚げに着手したが、その完全浮揚が激しい報道合戦の渦に巻き込まれたのは三九年六月七日『大阪毎日新聞』に載った「屋島丸浮べり！　きのう　午後四時〝美し海草の晴衣〟　悲しき遺品、女草履も散乱　引揚直後、船内を見る」という見出しに触れるだけで十分であろう。その頃、テレビがあったならば、引き揚げの情景は間違いなくワイドショーものだった。

転々と移動した船体所有権

報道合戦が熾烈だったのはいつ浮上するかが大きな話題となったからである。屋島丸（九四六総トン）は三三年一〇月二〇日午後一時ごろ、須磨妙法寺川沖合およそ一マイルの海上を神戸港に向かって航行中、暴風雨による波浪のために沈没した。乗組員五八名のうち死者二六名、乗客六五名のうち死者四〇名、行方不明者三名を出す惨事となった。各新聞を参照すると、大阪商船で引き揚げるかどうか、重役会を開いて検討したが結局、放棄することに決定した。経緯は省略するが、船体所有権は遭難に関して訴訟を起こしたある遺族が入手した。そして三九年三月以降、所有権はめまぐるしく移動した。

『大阪毎日新聞』は沈没現場が兵庫県下だったので、屋島丸の完全浮揚が目前に迫った三九年六月四日「神戸版」において「引揚の苦心を語る座談会」を掲載した。出席した岡田勢一・岡田組社長は入手までのいきさつについて遺族代理人の弁護士が三九年三月一九日に渡辺菊助・今治市会議員に二万円で船体を売り、四月六日に渡辺が大阪の人に七万三〇〇〇円で転売したのを四月一三日、一六万五〇〇〇円で買い取ったと説明している。今治市会議員だった渡辺がそれ以前の三七年一月に、どのようないきさつで神戸水上署に引き揚げの願書を提出したかが気になるが、そのあたりは分からない。屋島丸の処分については、浮揚を報道した六月七日『大阪毎日新聞』に併載されている「〝国策航路へ〟岡田社長の喜び」において、岡田社長は「更生の上は適当な国策航路に使用したい。作業後は有力な海運会社に任せて修理するか、岡田組で修理するかは未定です」と語っている。

その後も屋島丸の報道はつづく。屋島丸は六月八日、大阪住吉区釜口町、岡田組解体工場に曳航され、泥土の排除や腐朽した部分の取り除き作業が行われた。その段階となると、七月一日『大阪朝日新聞』の「屋島丸　浮いて刎ねた　二万円から三十万円に鰻のぼり　サテ真の値打ちは？」が示すように、巷の噂となっている屋島丸の価値に報道の焦点が移る。この記事では「今、屋島丸級の約一〇〇〇トンの汽船を新しく建造するとすればだいたい百二、三十万円といわれているが、遭難当時には持ち主の大阪商船も引き揚げを断念し、一万円でも引き揚げ手がなかったものだが、最近三ケ月の屋島丸をめぐっての価格評価が鉄材飢饉と猛烈な船舶需要の世相を語って素晴らしい躍進だ」とある。関係者や専門家の意見が掲載されているが、当事者の岡田社長は「一六万五〇〇〇円で買うてあらゆる危険を冒し、やっと引き揚げに成功、その間の引揚費や曳航の費用などだけ計算しても三〇万円以上になっています。浮いたとなると、値段はぐっとあがるわけで、われわれにしてみても、いまいくらの価格があるかと問われても答えはなかなか難しいですよ。五〇万円ともいえますし、六〇万円ともいえましょう。解体して潰しにすれば、一トン当たり平均一二〇円、有効鉄材五〇〇トンとみて六万円くらいですが、いまはすっかり浮き上がっていますからわけが違います」と語っている。

一方、岡田組のライバルである北川産業海運は「屋島丸のエンジン、モーターだけでも、どうあっても欲しいという船会社なら二〇万円を投じもしましょう。二五万円でも出捐しましょう。しかし、業者仲間でいま売買されるとなると二〇万円以下の値段でしょうな。売買の立場によっていろいろでしょう」という。また、一時、二万円で購入し、所有していた渡辺・今治市会議員は「最初の評価は屑鉄として二万円は妥当と信じている。しかし、引き揚げに成功し、鉄屑として処分すべきはずだった屋島丸も更生することになったのは船不足の今日、国家的にみても大いに貢献したわけだから、三〇万円の値打ちはあろう。また艤装すれば一五〇万円と世間で噂しているが、これまた当然のことと思う」と話している。

予想外だった新たな就航先

このような話題のなかで、屋島丸は岡田組解体工場から大阪・木津川尻の佐野安ドックに移され、改装工事が実施された。四〇年五月一一日『横浜貿易新報』の「沈没の三船が更生し　大陸航路へ明朗篇」では「非常時、海運界の船腹不足に一役買って例の屋島丸も近く日華丸として更生、八月上旬頃就航予定となった」とある。しかし、このスケジュールに大幅な変更が生じたことは一年余り経た四一年六月一八日『大阪毎日新聞』（夕刊）に「沈没船引揚時代　悲劇の屋島丸も　いま颯爽・日華丸…」の続報が現れたことによって明らかである。ここでは客室、サロン、遊歩場も屋島丸が新造船同様に完成し、海底の藻屑同然から再生するまでに八五万円を要したというが、とてもその金額では同様の新造船は不可能であると記されている。

この『大阪毎日新聞』の記事の本文においても〝日華丸〟と、それが仮称であることを匂わせているが、四一年八月五日『都新聞』の「こうせい丸お披露目　きょうから大島、下田間へ就航」では船名に加えて、東京湾汽船の航路と、まったく違う形で再登場した。前身が屋島丸だとしたうえで「大阪・佐野安ドックで六〇万円の化粧をすませ、橘丸、菊丸とともに大島、下田行きに就航」とあるのが目に留まる。『大阪毎日新聞』の八五万円との差額二五万円は引き揚げなど佐野安ドックに到着するまでの費用だとすればおかしくない。

一方、東京湾汽船の後身である東海汽船の社史である『東海汽船８０年のあゆみ』（一九七〇年）掲載の年表には「一九四一（昭和一六）年七月一一日　戦時中、燃料油の規制強化のため、スチーム船こうせい丸（一〇二六トン）を購入。ディーゼル船の多くはやむなく繋船した」「八月

五日　こうせい丸、東京―大島―下田航に就航」とある。購入価格を東海汽船に照会したが、資料が残っていなかった。この「こうせい丸」に関して『東京港史　第三巻　回顧』（一九九四年、東京都港湾局編）には「こうせい丸はスチーム船でボイラーを半減して航海しましたのでスピードが出ず、東京を二二時に出港しても大島に着くのが翌日の昼近くになるということで話題になりました」という回想が載っている。

内外で加速した沈船引き揚げ

屋島丸が更生利用するまでに時日を要している間に「沈船引揚時代」は加速していた。三九年一〇月二六日『大阪朝日新聞』（夕刊）の「十年振りに浮世へ　第二富美丸　海底から引揚げ」によると、屋島丸を引き揚げた岡田組自体がほぼ同時期に同じような作業に取り組んでいた。山口県室積港沖合で沈没した函館海運所有の第二富美丸（六七七九トン）を屋島丸と同じ浮タンク使用による方法で、二六尋の海底から引き揚げに成功した。「急潮の海底から僅か三ケ月足らずの間に成功したことは驚異のこととされ、海底に埋まる鉄資源利用の将来に大きな示唆を与えるものとして注目されている」とある。

また、屋島丸に関連して、先に引用した四〇年五月一一日『横浜貿易新報』の「沈没の三船が更生し　大陸航路へ明朗篇」では、屋島丸以外に三九年一一月、南太平洋ニューヘブライブ軍港で坐礁沈没した英国貨物船マカンボ号（一八〇〇〇トン）のケースが挙げられている。岡田組が引き揚げて大阪鉄工所の因島《いんのしま》ドックで修理し、船名を昭南丸と改めた。四〇年五月に門司を出帆し、大陸の重要物資を内地に輸送のために天津に向かって処女航海の途に就いた。

一方、三九年九月にドイツのポーランドへの進撃によって第二次世界大戦が始まっていた。そして四一年となると日米関係が極度に緊張した。戦争を強力に遂行するには、なによりも潤沢な鉄が要求される。鉄屑回収の線に沿って、海底に空しく眠る汽船を引き揚げ、役立てようという「沈船引揚時代」がますます顕著となったのである。

対応する組織として四〇年一一月、外国籍の沈船の取得が過当競争にならないように「船舶引揚解体業統制組合」が岡田組、北川産業海運、甘糟産業汽船など七社によって組織された。さらに四一年六月一二日『朝日新聞』の「掘ろう〝海の鉱山〟沈没船引揚組合の誕生」は、前記の組合よりも加盟社がずっと多い二三社による「日本船舶解撤業組合」の発足を報道した。こちらは日本籍の沈船引き揚げが目的である。日本近海には暴風雨、衝突、その他の事故によって、二七年以降、四〇万トン以上の日本籍の船舶が沈没している。業界のガンでもあった悪質なブローカーを徹底的に排撃し、作業用資材、人員も合理的に配置する、潜水夫養成所を新設して毎年、五〇人を送り出し、それらの船舶を一挙に国策線上に浮上させることにした。ブローカーに関する部分では「沈船には儲け話がつきまとい、昔は素人はフネに手を出すなといわれていた」と取材途中に一度ならず聞かされたことを思い出した。

豪華客船フーヴァ号のケース

そのような状況のなかで三七年一二月に台湾近海で暴風雨のため遭難し、北川産業海運によって三九年五月以降、解体引き揚げが行われた米国ダラー汽船の豪華客船、プレジデント・フーヴァ号のケースは日本の新聞において進水式と解体のようすがともに報道された珍しいケースだった。進水式を伝えたのは三〇年一二月一一日『大阪朝日新聞』の「進水を終った巨船フーヴア号『海の女王』として近く太平洋航路に就く」である。米国バージニア州のニューポート・ニューズ造船所における進水式は華やかだった。船首にシャンペンを注ぐ方式に代えて、フーバー大統領夫人の手によって太平洋、大西洋など七つの海洋の塩水を詰めた瓶を船首に打ちつけて砕き、割れんばかりの喝采と熱狂的歓呼のうちにアメリカ最大最新式の巨船は海上に浮かんだ。全長六五三フィート、排水トン数三万八八〇〇トン、建造費八〇〇万ドル、速力二一ノット、乗客一二六〇名を収容し、甲板は上下九層にわたる豪奢船とデータも詳しい。三一年六月にニューヨーク―ホノルル―日本―中国―マニラの太平洋航路に配船されるが、「いよいよ就航の上は断然『海の女王』として太平洋上に君臨することとなろう」と記事は結ばれている。

進水式からわずか七年余しか経ない三八年四月一二日『神戸新聞』の「豪華船の末路　擱座した太平洋の女王フ号　遂に売物に出された」となる。ロンドン市場における解体売り出しには各国の入札に関心が集まり、「ことに場所柄好条件の日本業者の出様が最も注目されている」とある。次いで五月六日「フーヴァ号　船骸競売…」によると、日本側から数社が申し込んだが、五月一六日にニューヨークのダラー汽船本社における競売の船価の条件がドル、またはポンドとなった。為替管理が厳重なので、払い下げられても船価を支払えるかが疑問とされた。

そして先にも引用した四一年六月一八日『大阪毎日新聞』(夕刊)の「沈没船引揚時代　悲劇の

屋島丸も…」において、北川産業海運によるプレジデント・フーヴァ号の解体引き揚げの模様が分かる。三九年五月、工事開始以来、二年間に引き揚げた鉄、機械、船具の類は約八〇〇〇トン、最終回の今回は残りの三五〇〇トンを引き揚げるのに現場では潜水夫四組、七〇余名の「海の戦士」が懸命になっている。風のため、一年中で夏場四カ月間しか仕事ができない難所だった。

開戦目前、業者の隣組精神

この記事には、他のケースも列記されている。種子島南端六マイルの沖合では米国の巨船、プレジデント・オブ・ケソン号（一万四〇〇〇トン）の解体引き揚げが四〇年九月以来、岡田組によって進められていた。予定される鉄鉱の引き揚げは八〇〇〇トン、これまでに鉄鉱八〇〇〇トンのほか、木材、油、雑貨などの船内積み荷を引き揚げており、作業は最難関の船底爆破にさしかかっているが、四二年一杯には鋲一つ残さず、海底からざっと三五〇万円に近い物資を引き揚げるはずだとある。それら作業中のものだけでもざっと八隻、トン数にして五万五〇〇〇トンを超す。その他、各社で引き揚げの権利をもっているのが一〇隻あった。

四一年八月八日『朝日新聞』の「磨くお家芸〝潜水〟沈没船引揚業者の団結」は、六月一二日の日本船舶解撤業組合の誕生の続報であり、隣組組織と潜水夫の登録制度の実現を図っているという内容である。隣組組織は前日、開かれた組合理事会に持ち出された案だが、業者を六班に分けて作業における協力、船舶の購入、作業用資材の獲得など一切を隣組精神でやっていこうとしていた。また、わが国の沈船引き揚げ、解体作業が断然世界に冠たる主要原因は潜水夫の優秀さ、特にその勇敢性にあるので今後、関係会社所属の潜水夫約七〇〇名に厳重な登録制度を施行して、強い責任感を持たせるとともに「お家芸」にますます磨きをかけることになった。日本が太平洋戦争に突入する四カ月前の状況である。

第八章　鉄飢饉、そして統制時代へ

鰻登りとなった鉄屑景気

一九三七（昭和一二）年になると、「鉄飢饉」なる用語が巷にあふれるようになった。一月一八日『東京日日新聞』の「ホクホクの鉄屑問屋　鰻登りの〝飢饉景気〟　大小成金が簇生《そうせい》…」が当時の世相を反映している。「世界を覆う軍需景気が灼熱していまや諸物価高騰時代！」に記事は始まる。そして「喧《やかま》しい鉄飢饉はもちろんのこと、銅も鉛も軍需景気に駆り立てられて、思惑が加わったからたまらない」となったのである。そのなかで、鉄に関する部分だけを紹介するとこうなる。

三六年一一月初旬の丸鋼ベース物の相場がトン当たり九七円見当から僅か二カ月ほどの一月一七日に二一〇円と二倍以上に上昇し、屑鉄も同じく六〇円くらいから一二〇円前後に奔騰した。この勢いに乗ったのは腹一杯ストックしていた鉄鋼の一流どころの大問屋であり、一〇〇万円から二〇〇万円も儲けが転がりこんだ。一方、日本製鉄、日本鋼管などの製鉄会社は鋼材の奔騰前に販売契約した後、原料が急騰したために、この二、三カ月間は儲け損ないという奇妙な現象だ。屑鉄に絞ると、儲けは鋼材に比べて小さいが、それでも本所区東両国某商店などが五〇万円以上と噂された。某商店は岡田菊治郎商店に違いない。深川、本所方面は古ボイラー、レールなどのガラクタ鉄の赤ちゃけた山が無数に横たわり、その山を壊す人夫の掛け声もはつらつとしていた。

その五日前の一月一三日『東京日日新聞』には「屑鉄買値引上げ　特級・一挙に廿七円方」が載っている。内地の屑鉄業者が売り惜しみに出ていて、製鋼業者は屑鉄飢饉に悩んでいたが、購入に共同歩調をとっている関東側製鋼業者は前日、内地特級品の買い入れ値段をトン当たり五八円から一挙に八五円に引き上げた。「製鋼業者は製品値上がりに潤う一方、原料難に悩み深きものがある」と、記事は結ばれているが、実勢価格はなお上昇しつづけたことになる。

鋼材不足が建築・土木工事に及ぼした影響も深刻だった。たとえば三七年二月三日『東京朝日新聞』（夕刊）の「鉄材飢饉時代　増改築の小学校へ工事中止の赤信号　帝都建築界大異状」がある。鉄材の手当てが困難となり、大蔵省や鉄道省の新庁舎が一時、工事を見合わせていたが、二、三流業者が請け負っている小学校の改築がもっとも憂慮されていた。校舎を半分、壊したために児童の半数三〇〇人が隣の小学校に仮住まいで授業を受けているが、着工の目途さえつかないケースがあった。

米国屑輸入に共同購買会

鉄屑に話を戻すと、需要増大によって国内の鉄屑が飢饉状態に陥っていた以上、輸入鉄屑に波乱が生じないわけはない。鉄屑は高炉・単独平炉メーカーにとって共通して重要だったが、国内では発生量が少なく、米国からの輸入に大きく依存していたからである。『日本国勢図会　昭和十三年版』では「屑鉄の国内供給には明確な統計を欠くが、最近一ケ年六〇万トンないし七〇万トンと見積もられ、この他に鋼材加工のさいにできる屑鉄（いわゆる循環屑鉄）が約六五万トンあり、昭和一一（一九三六）年の輸入は約一五〇万トンで主として米国よりの輸入である」としている。

その米国鉄屑の輸入に関連して、三七年六月二五日に日本製鉄、日本鋼管、川崎造船所、鶴見製鉄造船、神戸製鋼所、小倉製鋼の六社によって輸入屑鉄共同購買会が結成された。『日本製鐵株式会社史』（一九五九年、以下『日本製鉄社史』）は「この結成は一九三六年頃から屑鉄需要の増大による各社の買い付け競争によって輸入屑、とくにアメリカ屑鉄価格の高騰をみたことに起因している。すなわち、三六年一～九月にトン当たり五〇円ないし六〇円だったアメリカ屑は漸騰して三七年四月以降には一〇〇～一一五円と二倍になった。……共同購買会の性格は自主的に業者間に設けられた購入カルテルであった」としている。ちなみに共同購買会のメンバーのうち、鶴見製鉄造船は三六年一一月に浅野造船所が、小倉製鋼は同年一二月に浅野小倉製鋼所がそれぞれ社名変更したものである。また、川崎造船所は三九年一二月に川崎重工業と社名変更している。

日中戦争で国家統制強化

ところが、輸入屑鉄共同購買会が結成されてほぼ二週間後の七月七日に発生した蘆溝橋事件をきっかけとして日中戦争が始まった。九月の臨時国会では臨時資金調整法、輸出入品等臨時措置法、軍需工業動員法の適用に関する法が通過した。いわゆる「戦時統制三法」である。そのうちの輸出入品等臨時措置法に注目しよう。この法律の第二条において輸入の制限などによって需給関係の調整を必要とする物品について、その物品やそれを原料とする製品の配給、譲渡、使用、消費に関して必要な命令を下すことが可能となり、後に述べる鉄屑配給統制規則もこの条項に基づいて公布されたからである。また、軍需工業動員法は第一次世界大戦中の一九一八年に制定されており、それを日中戦争にも適用する形をとった。そして、それら法律の運用の大部分は命令、とくに省令に委託しており、後に制定された国家総動員法の先駆となるものだった。

一方、価格統制は日中戦争勃発直後の暴利取締令の強化に始まった。商工省は三七年八月三日、暴利取り締まりに関する省令を公布、即日施行した。これは第一次世界大戦時の物価暴騰にさいして定められた農商務令「暴利ヲ目的トスル売買ノ取締ニ関スル件」、いわゆる暴利取締令を改正したものである。改正前は暴利を得るための手段としての買い占め、売り惜しみを対象としていたのを暴利を得て販売する行為も取り締まることにしたところに特徴がある。取締品目は鉄など八品目だったのを金属及びその原料など二六品目とし、その後、金属製品など八品目を追加した。

しかし、暴利というような漠然とした適用基準によっては物価抑制に十分な効果を上げえなかった。三七年一〇月二三日の綿花、綿糸の最高価格に始まる関係業者の協力による自治的最高価格制の導入をみたが、結局は最高価格の引き上げによる物価高の容認にとどまった。経緯の詳細を省略し、鉄屑に限っていえば、三八年七月九日に公布、即日施行された物品販売価格取締規則が重要である。この規則は商工大臣の告示により物品を指定した場合、その物品価格は指定前日の価格より引き上げを禁止し、次いで物価委員会が決定した標準価格を告示し、最高価格としてこれを厳守させることを規定している。言い換えれば、公定価格の確立をみたのである。

鉄屑についても、この措置がとられ、商工省が三八年九月に溶解用鋼屑・平炉用一〇〇円（トン当たり）などの価格を告示して一〇月、統制に踏み切っている。さらに物品販売価格取締規則が施行された直後の七月一四日には暴利取締令も改正された。適用品目を大幅に拡大したうえで、暴利仲介行為も取り締まりの対象に加え、さらに価格を物品の見やすい部分に記載するなど価格表示を強制した点が主な改正点である。

横浜・大阪港で異色な犯罪

日中戦争に入り、統制立法がつづくなかで、鉄飢饉がなくなったわけではない。高値の鉄屑がさまざまな現象を生みだしていた。三七年七月二二日『横浜貿易新報』の「港の珍談　魚を釣るより屑鉄稼ぎが得だ　鉄を釣り損ねた漁師…」が一例である。横浜港には屑鉄満載の船舶がしきりに入港していた。瑞穂町岸壁に繋留中の汽船からハシケに屑鉄を船卸中、漁師八名が海底のガンガラ引きを装って近づき、屑鉄三〇〇貫を窃取したところを水上署員がモーターボートで追跡し捕らえた。

この漁師の一団は魚を獲るよりも鉄泥の方が割りがよいとあって、わざわざ専門の船を四艘買い込んでいた。盗み方は手が込んでいた。海底の泥をバケツ数個に用意しておき、盗んだ屑鉄へ大急ぎで、この泥を塗って海底から引き揚げたように見せかけていた。ところが、その日は盗んだ屑が多すぎ、手が回らず片面にしか塗っていないので、たちまち化けの皮がはがれた。

大阪ではもっと大掛かりな事件がその後、起きていた。三七年一一月一〇日『神戸新聞』(夕刊)の「大阪湾に海賊船　鉄材を狙って船舶を襲う　検挙実に七百余名」である。深夜、五、六名が一団となってハイスピードの発動機船を利用して、大阪港から尼崎などに向かう小船舶を追跡し、あるいは停泊中の船舶に乗り込む。そして船倉にある数百円する鉄屑などを一〇円、一五円で否応なしに買い取る。なかには刃物を突き付けて鉄材一〇〇貫を強奪したグループもあった。被害が一四万円にも達したので大阪府刑事課が沿岸各警察署員を総動員して捜査した結果、大量検挙に至った。

日中戦争をめぐる鉄屑回収

一方で、日中戦争が鉄屑輸入に影響を及ぼしたことが三八年五月二四日『横浜貿易新報』の「輸入古鉄屑類を厳重に取締る　入港船舶巨細に手配」によってうかがわれる。日本鋼管その他各重工業会社で輸入している鉄屑類は主として米国、豪州、インド方面だったが、日中戦争以降、中国北部方面から多量の古鉄屑類を購入しているとあるからである。船に積み込むさい、十分な調査をしないために危険な不発砲弾、銃弾等が混入し、富山、埼玉、群馬各県では溶解するさいに爆発し、多数の負傷者を出した実例があるので、神奈川県保安課では横浜入港船舶の積載貨物の調査を厳しくした。

関連する記述が『日本製鉄社史』にみられる。日本製鉄は三七年末の商工省の指令に基づいて三八年以降、中国各地で屑鉄の収集、さらに海軍の指令で沈没艦艇の解体処理に当たった。実際の作業は関連業者とタイアップして実施されたが、回収された屑鉄は八幡製鉄所に輸送されている。そのほか、三九年六月二一日『大阪毎日新聞』では「広東でも鉄の回収　勇士は朝の街で銃剣術…」と中国南部の戦火の焼け跡から鉄を回収するようす、それと前後する『横浜貿易新報』の六月一八日「埋もれた古鉄回集　興亜大陸の旅…」は神奈川県の鉄屑業者六人が中国大陸に出発したさいのようす、九月一八日「屑鉄回収に成功した　湘南屑物問屋組合長…」では四カ月ぶりに帰郷したもようが報道されている。

国内では三八年の段階となると、鉄飢饉が描く波紋はさらに広がった。七月二二日『読売新聞』神奈川版「国策線を往く　〝昭和の藤綱〟は屑鉄拾い　一日四十円使って廿五円分をあげる」は、鎌倉時代、青砥藤綱が川に落とした一〇文を五〇文をかけて探した故事を枕に、川崎の日本鋼管が屑鉄を陸揚げするさい、運河にこぼれ落ちたのを回収している状況を取り上げている。見出しの数字のように採算は合わない。日本鋼管が回収によって得た所得は全部、国防献金として寄附することを紹介し、「地下の青砥藤綱、『ホホウ』とさぞ得意だろう」と結ばれている。

鉄屑配給統制規則を公布

ここで時期を少し逆戻りさせるが、三八年一月一八日、企画院による最初の物資動員計画を閣議決定、四月一日には国家総動員法が公布され、五月五日に施行された。同法第八条によって、政府は戦時にさいし国家総動員上、必要あるときは天皇の国務大権による命令である勅令によって、総動員物資の生産、配給、譲渡、その他の処分、使用、消費、所持、移動に関し、必要な命令を下すことが可能となった。

戦争と密接不可分の関係にある鉄鋼関係の配給統制を鉄屑に限って取り上げてみよう。『日本製鉄社史』によると、輸入屑鉄共同購買会の結成もあって、輸入屑鉄の価格は三八年九月にはトン当たり七〇円から八〇円にまで低下した。しかし、同じ時点で、内地屑は一〇〇~一一〇円と輸入屑よりも高値だったので問題となっていた。商工省は三八年一一月二一日に鉄屑配給統制規則を公布し、一二月一日に施行した。新省令の概要に関して三八年一一月二〇日『中外商業新報』の「鉄屑資源の回収に万全　切符制を採用」は「商工省はさきに鉄屑の配給統制を行うため、民間業者をして統制会社を設立せしめたが、更にこれが制度化を図るため、輸出入品等臨時措置法に基づく鉄屑配給統制規則(商工省令)を公布した」とし、「輸入鉄屑の統制は共同購買会をもって当たらしめるので、新省令は内地はもとより朝鮮、台湾、樺太及び南洋委任統治区域から出る鉄屑に適用する」とある。

鉄屑統制会社の構成は

この記事がいうように、三八年一〇月に設立されたのが日本鉄屑統制株式会社であり、鉄屑配給統制規則が公布された直後の一一月二四日に同規則第二条の規定に基づく鋼屑、銑屑の統制会社に指定された。同社の設立については、国立公文書館にある臨時資金審査委員会の資料のなかに三八年八月、原案通り可決された議案が残されている。申請者は発起人総代の大阪市、阪口定吉であり、資本金額は二〇〇万円(認可後、二ケ月以内全額払込)、「目的タル事業」としては「帝国領土内ニ於ケル鉄屑ノ売買並ニ之ニ附帯スル一切ノ業務」となっている。また、「設立ヲ必要トスル事由」は「鉄鋼ノ生産、配給、使用ノ全面的統制強化ニ伴ヒ之カ原料タル鉄屑ノ蒐集並ニ配給ノ合理化ヲ計ル為メ新ニ会社ヲ設立セントスルモノナリ」である。

この鉄屑統制会社の設立に関しては、三八年五月六日『神戸新聞』に「屑鉄配給の紛議　日本屑鉄統制会社の新設に　盟外業者らが反対」という記事が載っている。全国の主な屑鉄問屋が日本屑鉄統制会社の創立総会を五月一〇日に開催することになっているが、加盟資格者は関東、関西とも各八名、神戸からは一名が関西に含まれている。しかし、加盟外の中小業者が承知せず、神戸だけでも屑鉄業者は一五、六名いるので加盟外の中小業者が別個に新会社を設立する動きにあるというのである。

その意味において、臨時資金審査委員会で可決された日本鉄屑統制（株）の議案の末尾にある「参考事項」が興味深い。「総株式四万株ノ内一万五千株ヲ発起人ニ於テ引受ケ残余ハ鉄屑取扱業者ノ中ヨリ募集」とあるからである。加盟対象者の門戸を広げたとみるべきであろう。このことは、『日本鉄屑工業会　十年史』（一九八五年）における、鉄屑統制に関連する「一応、業界業者の納得しうる月取扱量一〇〇トンの直納者指定商制度[1]が取り上げられて、ようやく日本鉄屑統制会社の成立をみて、軍・官・民の合作工作でスタートするに至った」という記述によっても裏付けられる。

「屑」と「故」はどう違うか

それでは配給統制の対象となった鉄屑の範囲はどのようなものだったのだろうか。鉄屑配給統制規則の第一条は「本則ニ於テ鉄屑トハ本邦内ニ於テ発生シタル鋼又ハ銑ノ屑又ハ故ヲイウ」となっている。国立公文書館の米国返還文書のなかに「昭和十六年八月　商工省鉄鋼局調整課長足立泰夫述　鉄屑配給統制規則解説　附関係法令　商工省鉄鋼局」(以下、『規則解説』)という貴重な資料がある。その第一条の解説では「本則の施行地域は内地一円に限られるが、本則の適用を受ける鉄屑は本邦内すなわち帝国領土内において発生した鉄屑であって輸入鉄屑は本則の適用を受けない」とある。輸入鉄屑はすでに輸入屑鉄共同購買会によって統制されていた。ここで分かりにくいのが屑と故がどのように違うかである。解説の「故」に当たる部分を引用しよう。

故には一度使用された鋼または銑がすべて含まれるのであって、鋼材の古いものは元の用途に供すると否とを問わず、本則の適用を受けるのである。すなわち、軌条、矢板、鋼管等の鋼材はこれを一度、使用しても、再び軌条、矢板、鋼管としての元の用途に供し得るものであるが、いずれも鉄屑として本則の適用を受けるのである。元の用途に供し得る古い鉄製品は鉄製品としては故であっても、本則にいう鉄屑ではない。それが元の用途に供し得なくなった場合に、鋼または銑の屑もしくは故[2]として本則の適用を受ける。ゆえにたとえば古い鍋釜を鍋釜として、あるいはまた、古い機械器具を機械器具として使うために買い入れる場合のごときは本則に覊束せられない。

最後のくだりは、たとえば古い印刷機械を印刷用に使うと購入して、実際は鉄屑にしてしまうようなケースを想定して「客観的に見て、どうしても元の用途に使用しえないものを元の用途に供すると称したところで本則の適用を免れることはできない」とクギをさしている。

あらためて日本鉄屑統制株式会社について補足しよう。『日本製鉄社史』の引用をつづけると「日本鉄屑統制の目的は、内地屑の配給の適正を図るとともに、価格を統一することにあった。同社は製鋼用・鋳物用・伸鉄用等の故鉄、屑鉄の一手買収、ならびに販売を行い、各消費団体に属するものは、すべて同社を通じて、鉄屑割当証明書により購入することになった。また、同社は配給機関として指定商を設け、指定商以外の取扱業者をもって収集機関とした」とある。一方、『産業振興六十年社史』（以下『産業振興社史』）によると、日本鉄屑統制は株主となった鉄屑業者から指定商を指定した。

鉄屑取扱業者に及んだ影響

鉄屑業者に変化が生じたのは三八年一二月一日に鉄屑配給統制規則が施行された以降である。それは鉄屑取扱業者、すなわち、大小の鉄屑問屋と重なることもある業者が、指定商となった業者とたんなる収集業者と二極分化したことに表れている。ただし、当初は溶解用の鋼の屑または故だけを対象として、また、切符制度も除いて施行された。したがって需要者への配給に当たって暫定的な割り当て方法がとられたが、三九年六月一日から適用が除外されていた溶解用の銑の屑または故も統制の対象となったと同時に切符制度利用の割り当てが実施されるようになった。同時に鉄屑配給統制規則の改正によって、特殊鋼屑が統制対象に加えられ、七月一日から適用除外だった化学反応用の鋼屑、銑屑がともに統制の対象となった。

特殊鋼屑は普通鋼屑に混ざって回収されるか、各種の特殊鋼屑がひとまとめに回収されることが多かった。それでは特殊鋼に含まれているニッケル、コバルト、タングステン、モリブデンなどの特殊金属元素を十分に回収できなかった。それらの元素を回収するために、各元素を一定割合以上含む鉄屑をとくに「特殊鋼屑」として統制対象に加え、発生工場に分類・整理させ、日本鉄屑統制に収集させようとした。また、化学反応用の鉄屑とは酸化、脱硫、触媒などに使用されるもので、鉱山、染料、ガス等の諸工業に使用されていた。このような経緯からみても、鉄屑業者への影響は一挙にというよりも段階的にじわじわと及んだことがきわめて重要である。

鉄屑業者に及ぼした影響を具体的に明らかにするために、統制対象となった鉄屑の流通がどのように変わったかをみよう。基本的に回収は発生者→収集業者→指定商→日本鉄屑統制（株）となった。『規則解説』には商工省告示を経て四一年五月一五日に施行された「鉄ノ屑又ハ故販売価格」（表5）と日本鉄屑統制（株）の「内地鉄屑販売価格表」（同日検収分より実施）が載っている。いずれもその日に改定された価格について発生者、収集業者、指定商、日本鉄屑統制(株)の各段階の販売価格を表示しているが、掲載された品種は後者のほうがずっと多い。ここでは商工省告示の「鉄ノ屑又ハ故販売価格」を掲載するとともに、両者の注を点検することによって回収の実態をみることにする。

表5　鉄の「屑又は故」の販売価格

「屑又は故」の品種		販売価格（単位　円／トン）			
		発生者	収集業者	指定商	日本鉄屑統制株式会社
（一）鋼の屑又は故	特級1号品	110	123	-	135
	特級2号品	90	98	102	112
	珪素鋼板の「屑又は故」	84	92	95	102
	鋼ダライ粉	60	68	71	80
	その他	80	88	91	100
（二）銑の屑又は故	銑ダライ粉	60	68	71	80
	その他	95	103	106	115

（注）　1941（昭和16）年5月5日商工省告示385号、同年5月15日施行
（出所）『鉄屑配給統制規則解説』、商工省鉄鋼局、1941年

まず発生者とその販売価格についてである。商工省告示の注では販売価格は発生者、収集業者、指定商の場合、鉄屑や故の所在場所渡し価格である。また、「発生者とは工場または事業所において鉄の屑または故を発生する者及び買出人をいう」となる。以下、便宜的に「故」を含めて鉄屑と表現するが、鉄屑回収の流れとしては買出人が工場や家庭から回収した鉄屑を廃物全般を扱う建場か、あるいは鉄屑問屋に直接、持ち込んでいた。また、鉄屑問屋が鉄屑の大量発生する工場、事業所と取引するケースもみられた。発生者の定義はそのような実態を反映していたといえよう。鉄屑配給統制規則が施行されて、長年の慣行がすぐさま一変したわけではあるまい。

指定商と統制会社の関係は？

先に述べたように、指定商の販売価格は、商工省告示では鉄屑の所在場所渡しの価格で表示されているが、特級一号品の販売価格が表示されていない点には注意を要する。日本鉄屑統制の価格表の販売価格の注においても発生者、収集業

者、指定商の販売価格は所在場所渡しである。しかし、「但し」として、指定商（特級一号品については収集業者）の統制会社に対する鉄屑の引き渡しは、統制会社指定場所持ち込み渡しとし、その場合は、統制会社が別に指定商に配給諸費を支給するとあるからである。

この「但し」によって、掲げた商工省告示の表において長さ三メートル以上の軌条などを含む特級一号品の指定商の販売価格が表示されていない理由が分かる。特級一号品は収集業者から直接、統制会社に渡されていたのである。また、配給諸費の存在も明らかにされている。それとともに、日本鉄屑統制にも集荷所が存在したことは同社の価格表の注によって明らかである。一方、この「但し」は鉄屑そのものの物流では、多くは同社を経ないで需要者に渡ったことを意味する。

いささか後のことになるが、雑誌『海運』（日本海運集会所）の一九四二（昭和一七）年五月号に「日本解撤業組合　屑鉄指定商に」という記事が載っている。そこには、発生者→収集業者→指定商→日本鉄屑統制の相互関係や販売価格に関して具体例が示されていて、一つの例ではあるが分かりやすい。組合員は発生者として鉄屑を販売していたので第二種屑鉄トン当たり九〇円だったのが、陳情が認められて指定商となったのでトン当たり一〇二円と一二円値上がりする。今後は組合員の屑鉄をすべて組合においてまとめ、一括して鉄屑統制会社に売却するという。ここで挙げられている価格は前掲の商工省告示の「鉄ノ屑又ハ故販売価格」の「（一）鋼ノ屑又ハ故」の「特級二号品」の価格に一致する。日本鉄屑統制の価格表の注によっても、第二種屑鉄イコール特級二号品であることは疑う余地がない。この特級二号品を例にとると、流通口銭はトン当り指定商が四円、統制会社が一〇円となる。つまり、指定商は九八円で仕入れ、統制会社に一〇二円で納める。統制会社の口銭が大きすぎるように思えるが、配給諸費の支払いや会社の運営費が多額にのぼるのであろう。

指定商名簿から見えること

一方、指定商の名簿が『鉄鋼統制の実際知識』(佐々木格三、猪俣政義著、人文閣、一九三九年)に一般製鋼用の鉄屑指定商と銑屑指定商に分けて載っている。有力な鉄屑問屋が指定商となったが、そのうち鉄屑指定商は全国で一九八あり、大阪市八一、東京市五二が圧倒的に多く、他は神戸市一三、横浜市六、堺市四が目につく程度である。日本解撤業組合が指定されたのはずっと後のことなので記載されていない。また銑屑指定商は日本鉄屑統制の本店直轄区域、名古屋、大阪、小倉各営業所区域ごとの指定となっているが、合計で二三二であり、大阪市が四四、東京市が四〇と大阪・東京への集中度は鉄屑指定商ほど高くない。それ以外では神戸市一〇、埼玉県川口市六、名古屋市五が目に付くが、川口市は鋳物の町だからであろう。

鉄屑指定商と銑屑指定商の名簿を見比べると、両方の指定商となっている業者が少なくとも大阪市で阪口定吉商店など一五、東京市で岡田菊治郎、三井物産、三菱商事など一一存在する。また、鉄屑指定商では朝鮮、台湾で各一、銑屑指定商では樺太一の業者が指定されている。[3] 指定商に関して『産業振興社史』には「指定商は統制会社に対する交渉団となる『協調会』を各地に結成し、府県当局との連絡折衝、共同集荷所の設置、共同購入などを行った」とある。

それでは日本鉄屑統制が関与する国内鉄屑の配給系統図を示そう（図３）。一番上にある鉄屑

図3　国内鉄屑の配給系統図

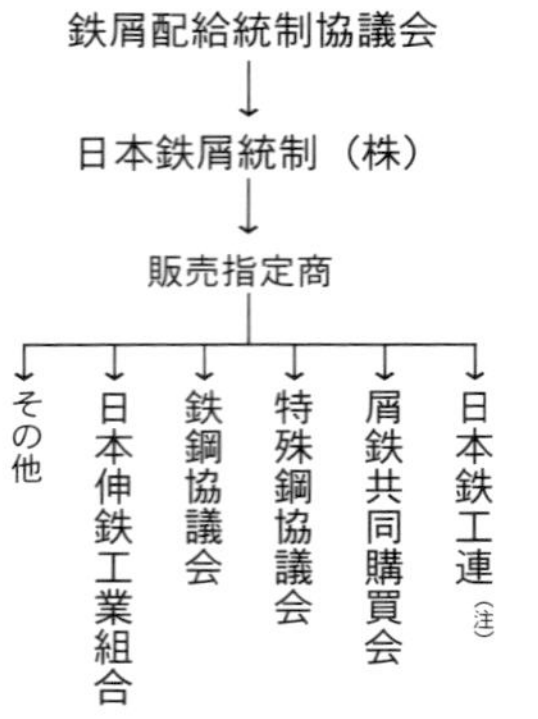

（注）日本鉄工連の正式名称は日本鉄鋼製品工業組合連合会であり、日本機械製造工連、日本鋳工連を含む
（出所）佐々木格三、猪俣政義『鉄鋼統制の実際知識』人文閣、1939年

配給統制協議会は三八年一一月に商工省内に設置された、同省と民間統制団体の代表によって構成される中枢統制機関である。ここにいう民間統制団体は供給者側として日本鉄屑統制（株）、需要者側は図の一番下に位置する日本鉄鋼製品工業組合連合会（日本鉄工連）、日本伸鉄工業組合など各統制団体代表である。この協議会において定期的に、①品種別鉄屑の回収および供給（割当）数量、②各消費統制団体に対する割当（配給）数量、③鉄屑販売価格が決定される。

鉄屑配給統制規則第二条は僅かな例外規定を設けたうえで、鉄屑を業務用の原料、または材料として使用する者は日本鉄屑統制と指定販売商以外から鉄屑を受け入れることはできないと規定した。末端の使用者は図示されていないが、日本鉄工連の場合でいうと、傘下には多くの団体がある。それらの団体は日本鉄工連から割当を受け、組合員に対して古鉄、古鋼別の割当証明書（切符）を交付する。その切符と引き換えでなければ指定販売商から鉄屑を入手できない仕組みである。ただし、特殊鋼屑は含有する特殊金属元素を回収するという目的によって例外だった。発生工場が種類ごとに分類して日本鉄屑統制、あるいは特殊鋼屑指定商に引き渡された特殊鋼屑は、同社によって商工省が指定する溶解工場に一括売却する体制になっていたからである。また、この図に屑鉄共同購買会が入っているのは、他の団体と同様に、同会が組織上、鉄屑配給統制協議会に包摂されていたためであり、輸入屑の場合は同協議会が各需要団体に割り当てをし、各団体はその団体員に割当証明書を交付していた。

官庁による特別回収始まる

一方、これまでの説明では触れるところが少なかった鉄屑回収の最前線を担ってきた買出人の立場が、鉄屑配給統制規則が施行された三八年一二月一日前後にどのように変化したか。金属回収の強化と併せてみよう。鉄鋼需給の逼迫とともに、製鋼原料である鉄屑回収の必要性が高まってきた。政府みずからが模範を示そうと官庁における鉄製品の不急品の特別回収を始めたのが三九年二月だった。それ以降、従来の鉄屑取扱業者による回収を一般回収と呼ぶようになった。それに対する初めての特別回収の内容を二月二四日『大阪毎日新聞』の「官庁の鉄製品回収　十三品目決定　火鉢、ポスト、電柱等」を中心に同紙の前後する報道を見ると、直ちに回収しても事務に差し支えなきもの、あるいは代用品で間に合うものが対象だった。見出しとなった品目以外に灰皿、ベンチ、マンホール、ゴー・ストップの標示機なども含まれていた。「昔なつかしの赤ポストも春をも待たで、いよいよ街頭から姿を消すことになろう」とある。(4)

三九年二月の官庁の鉄製品回収の対象物件はそれまで一般回収のルートに乗らなかったものがほとんどとみてよいが、四月二五日『東京日日新聞』の「民間の廃品回収も政府が統制」の段階となると、影響が及んでくる事態となった。この報道は前日、企画院、商工省をはじめ関係各省が協議して決めた「廃品回収方針」の原案をうけたものだった。ただし、市区町村、町内会、婦人会などを取り込んだ地方における回収機構の整備に着手する段階であり、各種団体はみずから回収に当たらず、業者の回収に協力するのを原則としており、大きな影響はまだ及ばなかったとみるべきであろう。

「長者番付」で鉄屑業者が躍進

先にも述べたが、鉄屑配給統制規則は段階的に施行された。そのこともあって、当初は指定商となった有力な鉄屑取扱業者は大きな利益を上げていた。三九年七月一九日に東京で発行されている各新聞の夕刊が貴族院多額納税者議員の東京府互選人名簿、いわゆる「長者番付」を一斉に報道したことが、はからずもその時期のようすを明らかにしている。三九年六月一日現在、時期からみて三八年の土地及び商工業に関する直接国税納税額で選ばれた一位は四八万六〇一三円の本所区東両国で鉄屑問屋を営む岡田菊治郎となった。ちなみに、三九年五月末までは鉄屑配給統制規則の統制対象は溶解用の鋼の屑または故にすぎなかった。

『東京日日新聞』の「長者番付の異変　鉄屋さん　轡を並べて躍進…」の見出しが端的に示すように、各紙がこぞって強調したのは互選人二〇〇名のうち、金物、機械関係で二六名が選ばれ、そのうち一八名が新人だったことである。そのなかで話題をさらったのは、いうまでもなく岡田菊治郎だった。岡田は三二年に八〇〇〇円で八〇位だったのが前回三六年には四位、四万円となり、今回は二位の水橋義之助の一四万五四一二円をはるかにしのぐ首位だったからである。二位の水橋の職業は鉄材問屋で住所は淀橋区となっているが、銑屑指定商の名簿には日本橋区に同姓同名の人物がいる。おそらくは同一人物であり、鉄屑の取引にもかかわっていたのであろう。岡田に関しては、たとえば『中外商業新報』の「『幸運に恵まれた』　立志伝中の人岡田さん」では、本人が次のように語る。

外から見れば随分苦労したように見えるかもしれませんが、私は格別苦労したと思いません。幸運に恵まれたのですね。私の体験からいえば、商売は儲けようと思うと儲かるものでなく、かえって売れなくてストックしておいた品が急に高騰するということが多かった。欧州大戦当時、随分、成金もできたが、戦後の恐慌でみんな倒れてしまい、私の同業者には特にそんな人が多かったが、私は休戦条約が締結される二カ月ほど前、商売が嫌になり、一時休んで猟をして遊んでいたために大した打撃を受けずにすみました。外国の廃船を買って解体して売るということも、私などが一番初めではなかったでしょうか。私はいつもなにか一つ新しい計画を立てて実行するように心掛けてきています。それがまあ成功の秘訣であったのでしょう。

ブリキ屑にも統制法規適用

三九年九月、ドイツのポーランド進撃によって第二次世界大戦が勃発したことで鉄鋼関係の統制が強化された。鉄屑に限っていえば、統制外だった錫をメッキした鋼板のブリキ屑について四〇年四月八日に資本金一〇〇万円（半額払い込み）の日本ブリキ屑統制株式会社が設立され、五月一日以降、鉄屑配給統制規則が適用されるようになったことに注目したい。その結果、錫をメッキした鋼板の屑または故（溶解用のものを除く）については日本ブリキ屑統制、それ以外の鉄屑については日本鉄屑統制の二本立てとなったからである。

ブリキ板は缶詰の空缶や石油缶などの容器や玩具材料、さらにブリキを主原料としてコルクを用いる、ビール瓶などの口金である王冠など広い用途があり、金属玩具や菓子缶、王冠などを対象とする金属印刷業も東京や大阪で成立していた。玩具関連の需給逼迫については四〇年四月六日「国民新聞」の「材料飢饉の玩具『輸出はしたいが　品は足りない…』と　頭痛鉢巻の業者」が示すように原料難が深刻だった。「世界に誇る玩具王国——わが国の玩具も好敵手、チェコスロバキアがナチスドイツに併合されてからいよいよ世界市場はわが独壇場となったが……」に始まる記事は、原料が統制され、なかでも金属製玩具に使われるブリキは割り当てられた四分の一くらいしか配給がなく、政府の輸出振興策に応じ切れないとなっていた。

ブリキ板が軍需目的に重点的に配分された結果だが、日本ブリキ屑統制の設立の意図もまさに軍需目的に沿っていた。それに関しては四〇年四月一六日『中外商業新報』の「錻力《ブリキ》屑配給統制新会社で五月より実施」がまとまりがよい。

商工省では最近のブリキ板の生産及び配給状況に鑑み、ブリキ発生屑の利用率を高めるためには、その配給統制を実施するとともに、併せて価格を公定し、さらにブリキ屑の収集を強化し、これより電解錫の回収量の増加を図ることが緊要であると認め、今回、省令により日本ブリキ屑統制株式会社を設立し、ブリキ屑の完全なる回収を行うとともに、配給の適正を期することとなり五月一日より施行する

としているからである。ブリキ屑の回収強化とともにブリキ屑からの電解錫の回収量の増加が謳われている。電解用ブリキ屑、あるいはブリキ電解用なる業界用語が存在した。それはブリキ板に含まれる錫を電気分解によって取る鉄屑であり、錫を分離した後の鉄分は純度の高い鉄屑として高く売れた。いうまでもなく錫は重要な戦略物資だった。

貴重だった古五ガロン缶

日本ブリキ屑統制（株）がどのような品種のブリキ屑を回収しようとしたかは、引用した四月一六日『中外商業新報』の記事に併載されている「鉱力屑配給統制要綱」によって明らかである。その事業内容の部分において（イ）ブリキ切断屑、廃缶の開胴ブリキ、電解用ブリキ屑及び古五ガロン缶をそれぞれ商工省の決定に従い、公正なる価格をもって配給すること、（ロ）ブリキ切断屑、廃缶の開胴ブリキ、及び電解用ブリキ屑の特別回収の担当機関とすることとあるからである。

さらにこの「鉱力屑配給統制要綱」では、（八）として指定販売人（指定商）に関して、指定販売人は原則として会社の代理人として古五ガロン缶、ブリキ切断屑、廃缶の開胴ブリキ及び電解用ブリキ屑の売買をなすことなどと定めている。四〇年五月二日『中外商業新報』の「鉱力屑指

定商は年取扱三百瓲《トン》以上　きのう統制会社開業」によると、内地発生電解用ブリキ屑の取扱業者が組織した商業組合も指定商となっており、それが東京、大阪に存在していたことが分かる。

当初、日本ブリキ屑統制の回収品目に古五ガロン缶がなぜ強調されているのかがのみこめなかった。福岡県久留米市の石油販売店の社史『士魂商才　喜多村石油70年の歩み』（一九八二年）の記述によって当時の状況が分かった。三三（昭和八）年に入社した店員が「三五年頃まではドラム缶はなく、全部五ガロン缶ばかりでした。市内の配達は大八車、リヤカー、自転車程度で、自転車は五ガロン缶で五缶までというのがきまりになっていた……この五ガロン缶の回収が一苦労でした」と語っていたからである。

古五ガロン缶に関しては四一年二月一四日に故五ガロン缶配給統制規則が公布され、一部の条項を除いて二月一五日に施行された。その第一条は「本則ニ於テ故五ガロン罐トハ錫又ハ錫及鉛ノ合金ヲ鍍《めっき》シタル鋼板ヲ以テ製造シタル空罐ニシテ五ガロン入ノモノノ故ヲイウ」とある。第二条では修理以外の目的で故五ガロン缶を開胴したり開底するのを禁じている。缶の胴部を切ったり穴をあけるのが開胴であり、底部に同じことをするのが開底である。五ガロン缶の繰り返し使用を目的にした統制規則だから、第三条は故五ガロン缶を業務上、使用する者は商工大臣が指定した統制機関、あるいは指定販売業者以外の者から故ガロン缶を買い入れる、あるいは自己のものでない故ガロン缶を受け入れることを禁じている。統制機関には統制規則公布と同じ二月一四日、日本空缶問屋商業組合が指定されている。

五ガロン缶と同じように石油容器として用いられていた亜鉛鉄板でつくられるドラム缶も、繰り返し使用が図られたことはいうまでもない。金沢市の石油販売店が刊行した『大野湊の油屋・喜楽石油百年史』（一九八六年）にはその頃の貴重な資料が紹介されている。その一つに石川県石油小売商業組合から各組合員に対して四一年九月二六日付で出された「ドラムヲ水槽等ニ使用セザル件」がある。国家総動員法によって九月一日に鉄製品回収に関する件が発令されたが、組合員のなかには中古ドラム缶を水槽などに利用している例が見受けられるので至急、やめて回収業者に払い戻すように勧告した文面である。九月一日に発令されたのは金属類回収令である。

一方、輸入鉄屑のほうはどのような状況だったのだろうか。四〇年七月三日に製鉄用輸入原料配給等統制令が公布され、鉄屑、銑鉄、鉄鉱石、石炭等一切の原料を一手に購入する日本鉄鋼原料統制（株）が七月二九日に設立され、輸入屑鉄共同購買会は吸収されて解消した。四〇年一〇月の米国の対日鉄屑輸出禁止は日本国内の鉄鋼生産や需給に決定的な影響を及ぼした。原料難がさらに深刻化したからである。そのようなななかで四一年四月、日本鉄鋼連合会が廃止され、鉄鋼統制会が設立された。九月には日本鉄鋼原料統制が鉄鋼原料統制（株）に組織変更されている。

話題呼んだ「屑鉄王」の去就

鉄屑関係のこの時期の出来事としては四一年二月七日『東京日日新聞』（夕刊）の「営業を統制に奉げ　店仕舞の屑鉄王　話題を投げる岡田氏」が見逃せない。三九年の貴族院多額納税者議員互選のさいの直接国税納入額で、あるいは四〇年度には新税制による所得、営業、臨時利得の三税合わせて一〇一万六一〇〇余円でいずれも東京府第一位となった岡田菊治郎が時局に即応して手広い業務の大半を停止し、きわめて小規模の経営に転向するというのである。四〇年以降、国をあげて動きだした新体制と次第に強化される鉄鋼統制の下で、約八〇名の店員には五万円から一〇万円を与え、身の振り方も心配したうえで、新体制の岡田商店の発足を待つばかりともある。ここでいう四〇年度の納税額は三九年の所得などにかけられた額だろう。載っている岡田の話を紹介しよう。「時局」をよく表している。

永い店の歴史で今、閉めるのは残念ですが、全然閉店するのではなく、これから新体制に即応した岡田商店を生みだすのです。今まで手を広げすぎたのを整理し、例えば四〇種類以上も扱ってきた品物のうち、国策の統制を受けるものは皆国家でやってもらって統制外の品物をほんの二、三種小さく扱いたいと思っています。税金をうんと払うのも国家のため、統制に従って一切を国家に捧げ、与えられた仕事をやるのも日本人の道、職域奉公です。

時局下、このような言い方となったのだろうか。というのは『本所鉄交会創立二十周年記念誌』（一九六八年）に載った「鉄屑専業界の大御所岡田菊治郎…」と題する文章のなかで別のエピソードが綴られているからである。この文章には「語る人」として当時、八六歳だった岡田自身のほか、長年にわたって身辺にいた三人の業界人が列記されており、四人の話をまとめた形式をとっているが、そのなかに「菊治郎は常に国益を最優先に考えて行動してきただけに、納得のできない課税額に憤慨し、あっさりと商売をやめ、昭和二四（一九四九）年まで悠々自適の生活を送った」とある。こちらのほうが現実に近かったとみるべきであろう[5]。

じつはこの報道がなされた四一年二月時点においても鉄屑配給統制規則は全面的に施行されていなかった。溶解用、化学反応用の鉄屑、ブリキ屑は全面的に適用を受けていた。しかし、伸鉄用、押し物用、抜き物用などいわゆる上物といわれるものには適用されていない部分があり、本来、溶解用に適する鉄屑も上物と称されて、日本鉄屑統制や指定商を通さないで売買され、不要不急の用途に向けられるものが少なくなかった。製鉄原料の需給はますます逼迫して鉄屑の全面的統制が必要となった。そこで四一年五月二〇日以降、上物に関しても、一部の例外規定を除いて統制会社か、指定商以外から受入れてはならないことなどが適用されたのである。

強化された鉄・銅の回収

回収面も強化されていた。四一年一月一〇日『朝日新聞』（夕刊）の「蚊帳の吊手や吊鐘までも献納金物千噸の山」は前年一〇月以降、戦時物資活用協会が全国青少年、婦人、宗教等の各団体の協力で展開した銅、鉄類の回収運動の成果である。そのうち、三〇〇トンは真鍮の蚊帳の吊手であり、その他は寺の吊鐘から古洗面器、燭台、折れ釘に至るまで多彩だった。回収物は各五〇〇トンずつ海軍工廠と陸軍造兵廠に運搬されるとある。四一年四月からは閣議決定された「金属類特別回収要綱」に基づく官公庁を対象とした特別回収が行われた。四月一日『朝日新聞』の「眠る鉄銅に〝出征〟命令　官庁・公共団体に回収の布告」は、次のような文章ではじまる。

大戦下のドイツではヒットラー総統官邸正面玄関の大扉二枚が取り外されて砲弾の材料に提供された。「街の鉱山を掘れ」とイタリアも徹底的な金属回収に大童《おおわらわ》である。イギリスでも公園の鉄柵から鉄管まで回収できるものは、ことごとく戦備に向けた。

この時期、世界情勢はどのように展開していたのであろうか。三九年九月一日、ドイツ軍がポーランドに進撃、第二次世界大戦が始まる。四〇年九月二七日に日独伊三国同盟が調印されたとなると、冒頭にドイツ、イタリアありきの文章がもつ意味が鮮明となる。

回収品目の広範囲さはさておいて、回収後の取り扱いが注目点である。「払い下げ先は日本鉄屑統制、日本故銅統制、またはその指定商とし、やむを得ぬ場合は指定商以外を選んでも差し支えない」とある。官公署にある物品を回収するというのだから、こうなったのだろうが、従来の一般回収ルートは霞んでいる。

政府は四一年八月三〇日、金属類回収令を公布し、九月一日に施行した。その第一条において国家総動員法に基づいて回収物件の譲渡、使用、移動等に関する命令を出すことができるようになったことが最大のポイントである。第二条では回収物件を「鉄、銅又ハ青銅其ノ他ノ銅合金ヲ主タル材料トスル物質ニシテ閣令ヲ以テ指定シタルモノヲイウ」とした。金属類回収令に基づいて工場、会社、一般家庭からの回収が早速、始まったが、ここでも一般家庭からの回収の方式とその後に目が行く。

四一年九月一一日『朝日新聞』の「いざ掘起せ『家庭鉱脈』〝応召〟させる銅や鉄の品目決

る」によると、回収は隣組長や青少年団などの協力を得て、国民学校など一定の場所に持ち寄るか、各戸を巡回して集めることに始まる。それを青少年団などの奉仕で市区町村ごとに取りまとめて、統制会社、たとえば鉄は日本鉄屑統制に引き渡す。東京の場合、各家庭から集めた回収所に東京屑物買出人組合の奉公隊がいて、供出品を鑑定し、重量を計り、公定価格によって代金を定め、これを記したカードを各家庭に配る。買出人の役割が限定されてきた一方で、組合のなかから奉公隊となる七〇〇〇名を選ぶとあるから、一般回収のシステムがまだ維持されていたのである。この記事のほぼ三カ月後に太平洋戦争は始まっている。

当時の状況について、『東資協五十年史』（東京都資源回収事業協同組合、一九九九年）は四〇年一〇月、戦時物資活用協会が生まれたが、その運営に建場業者、買出人も参画し、各種回収工作隊員として活躍し、集荷所において買出人は公式には秤量鑑定員の名称を与えられ従事したとある。また、不要・不急と認定された中小企業の整備・統合が進行するなか「屑物業界も四〇年から四一年にかけて、各種の統制組合に再編され、もはや自由な営業活動の余地は一片も残されていなかった」のである。

第九章　「戦中」船舶・鉄屑事情

海運業における船舶解体業者

　めまぐるしく変化を重ねた船舶解体業者が太平洋戦争下、どのような状態に置かれたか。また、鉄を主体とする金属回収の徹底化がどのように図られたか。まず船舶解体業者の海運業における活動がどうなったかである。その前提として一九四一（昭和一六）年一二月八日に太平洋戦争が始まった直前といってよい時期、日本海運集会所が発行していた雑誌『海運』の四一年九月号に載っている「本邦主要船主所有貨物船調」の統計表と一一月号の「現在の三万噸《トン》以上の運航業者」と題する調査資料をみよう。

　前者は四一年七月末現在の数字だが、トップの日本郵船の九二隻、六八万六〇七一重量トンから二五位の松岡汽船の八隻、六万七四四重量トンまで掲げられている。そのなかで船舶解体業者に関係するのは一三位にランクされている岡田勢一の岡田組一五隻、一〇万二三六八重量トン、つづいて一七位、宮地民之助の興国汽船の一三隻、九万六一一〇重量トンである。一方、後者では一〇〇〇総トン以上の船舶（油槽船を除く）を現実に三万重量トン以上運航している業者を対象にしており、隻数やトン数は明示されていないが、岡田組と宮地汽船が入っている。

　この頃ともなると、海運業においては三七年七月に起きた日中戦争を前後する時期から始まった運賃、用船料の自主的統制が配船面などに及び、国家統制が並行して強まっていたが、四一年八月一九日に閣議決定された戦時海運管理要綱のもつ意味がすこぶる大きかった。なぜならば、戦時海上輸送の完遂を期して船舶、船員、造船は戦時中においては国家が管理する旨を表明し、太平洋戦争突入直後の一二月一九日に海運統制官庁として逓信省に海務院が設けられ、戦時体制に入ったからである。

　岡田組の対応は早かった。『七十年史　日本郵船株式会社』によると、「日本郵船が四二年二月に（株）岡田組の資本金八〇〇万円、一六万株のうち、その半数を譲り受けた。なお、岡田組は同年四月に海運部門を分離して岡田商船株式会社を創立した」ということになる。これだけの記述では分かりにくい。その点に関連して『社史　合併より十五年』（山下新日本汽船）に「株式の取得による船腹の拡大」と題する説明が載っている。

　それによると、四〇年初め頃から船腹拡充のため、オーナー（船主）会社の株式の一部ないし全株を買収し、その所有船を傘下に入れるオペレーター（運航業者）が増えてきた。これは通常の船舶売買の場合、買い手側は臨時資金調整法の規制を受け、売り手側にも高い税金がかかる。それを避けるために株式を譲渡することによって、実質的に船舶の売買をしたというのである。

　岡田組と日本郵船の場合は、その典型的なケースとはいえないかもしれない。しかし、結果的には、従来の岡田組の船舶をすべて取り扱う岡田商船に日本郵船の資本が入り、社長は岡田勢一だったが、専務取締役、取締役に日本郵船から各一名が加わる形となった。

この四二年二月と四月の中間に当たる三月二五日、政府は戦時海運管理要綱に基づいて、戦時海運管理令を公布、即日施行した。①本邦全船舶の国家使用、②船員の徴用とその労務管理、③特殊法人、船舶運営会による国家使用船の一元的運営が骨子だった。船舶運営会は四月一日に設立された。ここでいう船舶の国家使用とは一片の令状で一方的に船を徴用するもので、船主は用船料に当たる使用料を公定で一方的に決められたものだけをもらう。国家使用された船は船舶運営会に貸し付けられて、船舶運営会が運航するということになる。この運航に関して重要なのは、実態として配船は船舶運営会、運航は運航実務者という体制となっていたことである。一定の資格がある業者を逓信大臣が指定すれば運航実務者となり、船舶運営会の末端業務の下請けをする制度であり、それに対する事務処理手数料がもらえる。

船主にとってはこの運航実務者になれるかどうかが大きな問題となった。運航実務者は四二年四月一日に第一次として大型船舶の四〇社が指定された後、間もなく大連汽船が追加された。さらに五月一八日に第二次運航実務者として小型汽船一五社の指定などがつづいた。大型船舶の運航実務者のリストを見ると、船舶解体業者では岡田組だけが入っている。逓信省では運航実務者の指定方針において五万重量トン（軍徴用船を含む）の船舶を運航し、かつそれに相応する運航設備を保有する業者を原則としている。日本郵船との提携が指定のさいに有利に働いたとみてよい。

岡田組が運航実務者に指定されたのに対して、宮地汽船、甘糟産業汽船、北川産業海運は指定されなかった。所有していた船舶を用船に出すいわゆるオーナー的色彩が濃い存在だったからといえよう。宮地に関しては『海運』四二年二月号に「興国汽船、興国産業　外国籍船日本転籍」、次いで三月号に「宮地汽船、興国汽船の三隻買収」が載っている。前者では太平洋戦争に突入という事態の急転をきっかけとして、政府の指令によって、いずれも英国籍船（上海置籍）の興国汽船二隻、興国産業の四隻を日本籍にした。後者では宮地汽船が四二年一月一日付で興国汽船から三隻を買収しているが、そのうちの一隻である泰山丸は旧名をセント・クエンチン号と称し、英国籍から日本籍に移し、改名したばかりの船だった。この泰山丸は従来通りに川崎汽船に運航を委託するが、他の二隻は自営運航するとある。

一方、『海運』の四二年二月号に掲載されている「日産汽船　更に飛躍的積極策を」によると、日産汽船が船腹拡充をめざして、北川産業海運の北盛丸と北明丸の二隻を購入するのと併せて大阪鉄工所と川南工業で建造中の四隻の譲渡を受けることとなった。北川産業海運が早い時期に海運業を縮小させたとみられる内容である。また、甘糟産業汽船が四四年一月、東洋海運に吸収合併された。『東洋海運株式会社二十年史』（一九五一年）によると、引き継がれた船舶は六隻、二万四三七〇総トンだった。

大東亜海事組合を設立

有力な船舶解体業者の共通した活動分野として挙げられるのは太平洋戦争の初期、日本が占領した南方地域における沈船引き揚げである。これは従来の延長線上にあり、その強化だった。したがって、その動きは早く、太平洋戦争の開戦直後に大東亜海事組合の設立となって現れた。『海運』の四二年三月号に「大サルヴェージ会社設立迄の応急策」と題したトピックスが収録されている。日本海軍が東洋において撃沈した敵艦船が多数に上り、引き揚げは時日を経過するほど困難となるので「山下汽船、岡田組、北川産業、宮地、甘糟の五社をもって資本金一〇〇万円(各社現金出資二〇万円)の大東亜海事組合が設立され……」とある。タイトルは「設立当初から組合を発展的に解消させて資本金一〇〇〇万円の会社を組織することに決定している模様である」ことからきている。

山下系企業の『社報』の付録として発行された「昭和一七年四月一四日　山下汽船会社店所長会議記録」における山下太郎社長の挨拶のなかにも「近く株式会社にして、もっと大きな組織の下に仕事をやる予定」という発言があって『海運』の観測を裏付けている。また、『東京海上火災保険株式会社百年史　上』(一九七九年)では日本サルヴェージの設立によって一社に統一された海難救助会社について「その後、昭和一六(一九四一)年、山下亀三郎の提唱で個人海難救助会社が合同して大東亜海事組合(のちの東洋サルヴェージ)が設立された」と記されている。[1] 亀三郎は山下汽船の創設者であり、太郎はその子息である。なぜ、山下汽船が事業に参画したかについては山下社長の挨拶にある「国の役に立ちたい」のほかに、四三年三月号の『海運』のトピックスでは金融関係その他運用の円滑を図ったのと沈船には商船も含まれており、一隻でも早く浮かべて修理すれば海運の利益につながると説明されている。

この大東亜海事組合は当初の構想通り四二年七月、創立総会を開いて、資本金一〇〇〇万円の大東亜海事興業（株）に組織変更した。雑誌『海運』の四二年九月号の「大東亜海事興業会社役員定款決る」によると、新会社の役員には岡田勢一が副社長、取締役に甘糟浅五郎、北川浅吉、宮地民之助が就任している。先に述べたが、岡田組は四二年四月に岡田商船を設立した後、海事工業部門を中心とする新たな岡田組を五月に資本金三〇〇万円（うち半額払い込み）で設立し、岡田は取締役に就任していた。

木造船の建造に進出

ここで船舶解体業、そして変態輸入を手掛けた人たちの太平洋戦争中の他の分野における事業活動も岡田勢一を中心にみよう。雑誌『海運』四二年新年号に載った（株）岡田組の広告をみると、その営業科目は海運業のほかに船舶解体、海事工業、製鉄鋳造、鉱山事業が列記されており、活動範囲が広かったことが分かる。

日本が敗勢に陥ったのは四二年六月五日のミッドウェー海戦の大敗からだった。日本海軍は四隻の航空母艦を失った。戦局が不利となって鋼船の喪失が著しくなった四三年一月、木船建造緊急方策要綱が閣議決定され、有力船主をはじめ王子製紙、松下電器、大和紡、名古屋鉄道などが続々と木船製造に進出した。ここでも岡田は新設された徳島工業（株）の取締役社長を務め、その一翼を担っている。建造に当たっては木材の確保が課題となり、御料林からも供出された(2)。

四三年三月二五日『朝日新聞』（夕刊）の「御下賜の帆柱用材を伝達　聖慮に応えん　拝受者ら粉骨を誓う」はその伝達式のもようだが、他の九つの造船所代表者と一緒に岡田・徳島工業設立発起人総代も出席している。『海運』の四三年六月号の「木船運航会社は四月中に設立か」によると、岡田勢一の徳島工業では四三年三月一八日に二五〇総トン型八隻を同時に起工したとあり、いかに木造船建造が急がれていたかが分かる。

一方、甘糟について三八年、愛知県幡豆郡平坂町(現在、西尾市)の大字楠村に東京白煉瓦(株)を設立して耐火煉瓦の製造販売を始めていたが、戦時中の四三年に平坂煉瓦(株)を吸収合併するなど事業を拡大した。楠村は江戸期以降、瓦や陶器の生産が行われ、明治期に入って煉瓦の生産が盛んとなっていた。また甘糟林業を設立し、岩手県下閉伊郡茂市村(現在新里村)で立木伐採したほか、甘糟漁業部を設立し、神奈川県などで大謀網を手掛けた。北川に関しては、第五章で紹介した故郷、兵庫県大河内町の陶像に「……海運並びに船舶救難事業に進出し、次いで台湾に製鋼工場を設く」の文章が添えられている。製鋼工場のくだりが耳新しい。宮地については関連する資料が見いだせない状況である。

一方、船舶解体を手掛けたが、海運業には進出しなかった鉄屑問屋の岡田菊治郎にも触れよう。第八章で述べたように、岡田は太平洋戦争が始まる前に本業だった鉄屑取引を廃業といってよい状態にした。その後、東京・足立区の製鋼工場とどのようにかかわっていたかははっきりしないが、工場自体は海軍の指定工場となり、ヤードには鉄道の側線が入っていて、北は青森、西は静岡あたりからも貨車で鉄屑が送られてきた。

国家性を強めた金属回収

ここで鉄屑を含む金属回収にテーマを移そう。太平洋戦争以降、金属類回収令に基づいて、利用されているものを取り外して回収する特別回収が一段と強化され、さらに四三年に入ると、非常回収と名称も改まった。鉄屑を配給する体制も銅屑と一元化されて四二年七月、日本鉄屑統制と日本故銅統制が合併し、新たに金属回収統制（株）が設立されたことによって変化した。そのさい、青少年や婦人団体の協力を得て銅や鉄類などの回収を手掛けていた戦時物資活用協会も吸収統合した。

四三年に金属回収が緊迫度を高めた背景には戦局が一挙に傾いたことがあった。三月二四日に、商工省の外局として金属回収本部が新設された。それと同時に、道府県に金属回収課が設けられるなど地方においても新たな体制が構築された。それらを踏まえて四月一六日の定例閣議で決定されたのが「昭和一八年度金属類非常回収実施要綱」である。

四月一七日『朝日新聞』の「未働遊休設備に重点　十八年度　金属非常回収対策」は、政府が鉄、銅、鉛等戦略物資の供給力を確保し、戦局の緊急要請に応ずるため、強力な金属類の回収を断行するとし、規模、性格において従来の回収とは趣を異にしていることを強調した。戦時経済の確立に伴い、新たな企業整備による未働遊休設備、不要不急設備、および仕掛品等に金属回収の重点を置くとともに、回収が民間の手において行われていたため、国家性が稀薄化しがちであった点を是正し、国家自らが手掛けることを明らかにしたのである。

非常回収の具体策として、①回収を迅速強力に遂行するために金属類回収令等を改正する、②

回収物件の対価は金属回収本部において決定する、③回収物件の撤去、解体等の作業は地方庁ごとに金属回収統制（株）所属の回収工作隊等を編成し、自家用トラックを所有させることを打ち出した。

金属回収と企業整備が一つの政策として一体化された意味は大きかった。四三年に入って、企業整備も強化され、六月一日に「戦力増強企業整備要綱」が閣議決定されている。工業部門において労働力の供出、金属類の回収、工場設備の転換がもっとも図られたのは繊維工業など第一種部門に分類された業種だった。八月一二日には金属類回収令が全面的に改正され、企業整備の進展に即応し、事業設備全体を回収しうることとし、回収品種を追加拡張した。

不要化した一般回収ルート

企業整備によって供出される物件は、未働遊休設備の保有・買い上げ機関の産業設備営団、あるいは転廃業する中小商工業者の資産負債の整理を目的に設立されていた国民更生金庫などが買い取り、そのうち鉄屑や故銅などを金属回収統制に引き取らせる。これが金属回収と企業整備が一体となった典型的な形態だったが、鉄屑の一般回収を担当していた指定商や収集業者に大きな影響が及んだ。

非常回収の対象は未働遊休設備だけではない。金属類非常回収実施要綱の内容を報道した四三年四月一七日『朝日新聞』の社会面に載っている「金釦《ぼたん》にも赤紙だ　今すぐ出そう・銅や鉄」が具体的な国家による回収物件を提示している。それまでの企業整備によって遊休化している機械

金属回収運動により早稲田大学・安部球場（旧戸塚球場）の鉄骨解体（1943年6月）。この後、43年11月16日、戸塚球場で学徒出陣を前に「最後の早慶戦」が行われた。「『早稲田スポーツの一世紀』（早稲田大学、1993年）69頁（早稲田大学大学史資料センター提供）

設備や仕掛品、新たな企業整備によって生じる繊維工業の紡錘など、いわば非常回収の重点品目は当然のことながら入っている。ただし、その他の多様な回収品目の前にむしろ霞んでしまっている。記事をとぎれとぎれに引用しても「五階までの昇降機は全部、応召だ。街路燈、橋梁の欄干はもちろんだが、橋でもあまり人が通らぬ橋は外され、火の見櫓も木製に換えられる。戸レールに食器類まで含まれる。ボタンは学生や鉄道従業員の制服の金釦を全部献納してもらい、代用品を渡す」となる。

それらのうちには、発生者→収集業者→指定商→金属回収統制（株）のルートに乗りそうな品目もある。しかし、非常回収においては国家が責任をもち自らが回収する体制に変化している。具体的には地方長官が回収工作隊を指揮して回収する体制であり、供出者が集荷所に持ち寄る、あるいは各種団体による回収が増えた。「これらの回収品のうち、蝶番、戸レール、上げ下げ窓分銅のように、代用品を要するものについては極力、金属回収本部で世話し、代用品のできぬ物件については、適当な値段で買い上げることになっている」と記事が結ばれているところに本質的な変化がにじみでているといえよう。

その結果、一般回収ルートのウエートが低下し、『産業振興社史』によると、各地において指定商は回収工作隊に組織化されていった。指定商がそのような状態だったのだから、収集業者や買出人に及んだ影響はもっと大きかった。『東資協五十年史』（東京都資源回収事業協同組合、一九九九年）は太平洋戦争が始まって以降、敗戦に至る過程を東京では再生資源取扱業者は徴用、出征等によって転廃業、あるいは休業し、三〇名ほどが回収工作隊の一部として業務に従事したと記述している。

それでは回収された鉄屑は鉄鋼増産にどのように寄与したのであろうか。『昭和十八年五月　第一回行政査察報告書』は政府が屑鉄の特別回収を強化したのにかかわらず、四二年度の使用状況は十分でなく、在庫が漸増の傾向にあると厳しい判定を下している。具体的には一般に回収屑鉄の品質が粗悪であり、炉に装入することが至難な屑鉄が多量にあると指摘した。そして切断、プレス等に必要な措置を講じたが、活用に一層の熱意と工夫が必要だとしている点が重要である。(3)

特別回収の鉄屑の品質が粗悪な状況がその後、目覚しく変化したとは思えない。ただし、金属回収の国家性は一段と強まり、その質的変化は、四三年一〇月五日『朝日新聞』の「鉄屑配給統制規則を改正」につながった。金属類回収令施行規則が改正されたため、前日にとられた措置である。鉄屑配給統制規則では鉄屑を原料として使用する業者は統制団体が発行する割当票(切符)と引き換えに金属回収統制（株）から鉄屑を購入する仕組みだった。ところが、金属類回収令施行規則の改正によって回収物件は転用証明書と引き換えに、その所有者または営団等から直接、需要者に引き渡されることとなった。その一方、金属類回収令施行規則にいう回収物件で、鉄屑配給統制規則の鉄屑とみられるものが存在する。重複した手続きを避けるために、金属類回収令施行規則による転用証明書と引き換えに鉄屑を引き受ける場合は、鉄屑配給統制規則による手続きを不要にしたのである。また、金属回収と企業整備の一体化は四三年一一月一日、企業整備本部が設置され、金属回収の事務も取り扱うことにし、金属回収本部を廃止したことによって、より鮮明となった。

四四年に入ると、非常回収は決戦回収の名の下に徹底化された。三月一九日『朝日新聞』の「十九年度の金属回収実施要綱　一般回収も地方長官に一任　重要でないレールも取外す」は前日の閣議で決定された「昭和一九年度金属類決戦回収実施要綱」を報道した。非常、一般の区別は残っており、非常回収ではレールについて遊覧線、並行線、小都市の市街路線などで産業上、国防上重要でない線を撤去し、重点輸送に転用する[4]、あるいは工場、事業所などで生じる鉄屑の一般回収は非常回収と同様に地方長官に一切の責任を負わせ、計画的な回収を実施するといった措置が目を引く。

四四年五月一五日『朝日新聞』の「戦列へ、更に金属回収　鉄屑の譲渡先・使用法も制限」は回収対象の金属類を更に徹底的に戦力化するため、金属類回収令施行規則を改正し、二〇日から実施するという内容である。それに伴って鉄屑配給統制規則が廃止されたのだが、工場、事業所から発生する「鉄返り材」に対する統制強化が大きなねらいだった。鉄屑配給統制規則では回収鉄屑の需要者が譲り受ける面についてだけ制限があった。言い換えれば、工場、事業所の加工工程などで生じる「鉄返り材」、一般的な分類でいえば加工屑をそこで使用する場合は数量だけを制限していたが、新たな措置では使用方法に制限を加え、使用承認書を交付し、鉄屑の譲渡先を金属回収統制に限定することにした。それと同時に、①鉄屑の割当切符制は廃止され、商工省鉄鋼局が一元的に指示配給を行う、②必要がある場合は地方長官が鉄屑発生工場に対し、譲渡命令を発し、鉄返り材の回転率を高める道が開かれた。また、金属回収統制の下部組織も再編された。

「決戦回収」の行き着いた先

特別回収、非常回収、決戦回収と表現が緊迫度を加えるなかで、四三年四月一〇日『朝日新聞』の「銅鉄回収阻害に厳罰」は裏面で発生していた事態を示唆している。決戦下、銅鉄等の回収を阻害するような非国民的行為に対しては、司法当局では断乎として処罰する方針を堅持し、たとえ被害金額が僅少であっても仮借なく摘発することになっていたが、この種の犯罪としては最初の処分であると記事は強調している。東京区検事局で取り調べ中の大工が戦時窃盗のかどで起訴された。東京・日比谷公会堂で供出のために取り外した真鍮金物類九貫九〇〇匁(時価約三〇円)を自宅に持ち帰って売却したというのである。

そのような状況のなかで、指定商となっていた有力な鉄屑問屋も鉄屑以外に事業を広げた。『産業振興社史』によると、徳島佐太郎商店の場合は四二年に社名を日本鉄興（株）と変更し、四三年から精密機械部品、鉱業用機械工具の製造を開始した。また、四三年には北海道で鉱山を開発し、鉄鉱石を日本製鉄輪西製鉄所に納入した。さらに四四年には社名を日本鉄鉱冶金（株）に変更し、航空機部品など兵器部品も製造したが、四五年三月の東京大空襲によって全事業の中止に追い込まれている。

最後に海外における鉄屑回収に触れておこう。第八章で中国における日中戦争勃発前後の鉄屑回収の状況について触れた。『日商四十年の歩み』（一九六八年）によると、軍需物資の第一である鉄鋼原料の輸入が杜絶した日本は、南方方面の占領が進むに伴って戦災鉄屑の回収を企画し、日本鉄鋼原料統制（株）が南方鉄屑輸入統制組合を組織し、六洋会（三井、三菱、浅野、岩井、長谷川、日商）のほか、伊藤忠、丸紅、岸本、江商等貿易商社各社が参加した。この南方鉄屑輸入統制組合は、軍部の指導によって各地に派遣され、戦争によって破壊された兵器、橋梁、工場など戦災鉄屑の回収に取り組んだ。ビルマ地区では三井、三菱が各六〇〇〇万トンなど商社班の回収分担まで決定し、作業もある程度まで進んだが、日本向けの船舶が来ずに一度も船積みできなかった。

第一〇章　戦後、そして今

衰退に向かった船舶解体

第二部を結ぶに当って、ここまでに書き綴ってきたことの第二次世界大戦後の状況に触れないわけにはいかない。戦後、日本の船舶解体業が復活し、新規参入する業者も多かったことを背景に一九五八（昭和三三）年に一二社によって日本解体船工業会が設立された。会員は六〇年には二九社に達し、その前後に世界の解体船シェアの三〇％を占めていたといわれ、戦前と同じく世界一の座に復活した。ここで「いわれ…」という表現をとるのは、当時のロイド統計には世界全体でどのくらいの解体量があったかの数字は存在する。しかし、どこの国で解体したのかについてまとまった数字がないからである。世界全体の解体量をたどると、総トン・ベースで一九五〇年が九一万四〇〇〇トン、五五年九二万トン、六〇年がぐっと跳ね上がって三二八万五〇〇〇トンとなり、六一年に三七二万七〇〇〇トンと最高を記録した後、六五年は二五二万三〇〇〇トンとなっている（表6「第二次世界大戦後の世界船舶解体量の推移」参照）。五六年のスエズ運河閉鎖に伴う海運ブームによる船舶過剰の反動で五八年～五九年に解体船ブームが起きた。当時の状況を記したいろいろな資料を総合して、日本が世界一だったことは間違いないとみられる。[1]その時期、日本とともに船舶解体が盛んだったのは香港であり、『伊藤忠商事100年』（一九六九年）には五八年から五九年にかけて香港から積極的に伸鉄材（解体物）を買い付けたとある。

しかし、一九六〇年代後半以降、日本の船舶解体業は衰退に向かい、第一章で述べたように、代わって台湾が台頭した。その間、日本において船舶解体が市場原理にゆだねる形でずるずると後退していったわけではない。深刻な造船不況下にあった七八年一二月、船舶建造需要を喚起して協力企業を含めた造船所の仕事量を確保することを目的として、船舶解撤事業促進協会が設立され、政府の資金が投入されて船舶解体が始まったからである。直後に協会の目的に外航海運における船腹過剰の解消も加えられて以降、二〇〇〇総トン以上の船舶を対象として国庫と日本船舶振興会の資金による解撤助成金交付制度が期間延長を重ねてつづけられてきた。とくに八三年

表6　第二次世界大戦後の世界船舶解体量の推移

年	隻数	総トン（単位：1000総トン）
1936	412	994
47	187	753
48	213	714
49	192	623
50	399	914
51	383	475
52	492	822
53	418	1136
54	578	1505
55	503	920
56	378	528
57	341	730
58	437	1452
59	789	3125
60	830	3285
61	882	3727
62	739	3036
63	794	3292
64	740	2481
65	762	2523
66	651	2578
67	798	3865
68	866	3747
69	919	3545
70	1030	4311
71	962	4266
72	917	4994
73	812	3578
74	696	2959

（注1）ロイド統計による
（注2）100総トン以上
（出所）運輸省海運調整部調査課監修『海運統計要覧 昭和31年版』、『海運統計要覧 1976』など

度から八五年度にかけて造船メーカー一三社の共同企業体によって共同解撤が実施されたことは注目されてよい。

船舶解撤事業促進協会が二〇〇〇年にまとめた資料『船舶解撤業　風雪20年』を中心に事業の推移をみよう。助成金交付制度が始まった七八年度から八二年度に至る期間は一時的ではあるが、海運市況が上昇して解体船価を当初、一LDT当たり一〇〇～二〇〇ドルと想定したのに対し、八〇年一～三月には二四〇ドルを突破するといったように高騰し、さらに新造船、改造船の工事が予想外にあったことなどによって解体実績は意外に伸びなかった。

ULCC「日石丸」の解体

この状態を変化させたのが八三～八五年度の最初の期間延長と助成金単価の引き上げの下で実施された造船メーカー一三社による共同解撤だった。八三年一一月二日『日刊工業新聞』の「初のVLCCなど船舶解撤　函館ドック跡地で　造船一三社　促進事業、一気に進展」といった形で、事業が目覚ましく動き出したのである。この頃ともなると、海運・造船両業界とも市況の冷え込みが一段と厳しく、世界的に船舶解体の必要性が高まっていた。

この共同解撤は住友商事が解体船の買い付けや伸鉄材、鉄屑などの売却を担当し、事業によって生じた赤字額を計画造船の建造実績に比例して負担するシステムだった（図4「共同解撤のシステム」参照）。VLCC、ULCCなどを多量に建造してきた日本が船舶解体において一定の役割を果たす必要があるのではないかという「二一世紀的視点」からすると、日本がVLCC、U

ＬＣＣの解体を手掛けたのはこの共同解撤だけだという事実はおおいに注目されてよい。

実際の船舶解体は造船協力企業の（株）寺岡（当時は寺岡鉄工所）が受託し、作業は造船不況の対策として特定船舶製造業安定事業協会が買い上げて、そのまま遊休化していた函館ドックの大型修繕ドックを活用して行われた。第一〜第二章であえて触れなかったが、ここでＵＬＣＣの日石丸を解体した意味は大きい。七一年に竣工した東京タンカー（現・新日本石油タンカー）の日石丸は三七万二三七三重量トン、当時は世界一のＵＬＣＣであり、若い女性の乗組員を採用したこともあって大きなニュースとなった。長さ三四七メートル、幅五四メートル、高さ三五メートルという日石丸を日本で解体するのには大型クレーンが備わっている大型修繕ドックを借り上げて実施する方式が最適であったろう。機械化や人件費の節減が大前提となる日本においては不可欠な条件だった。

図４　共同解撤のシステム

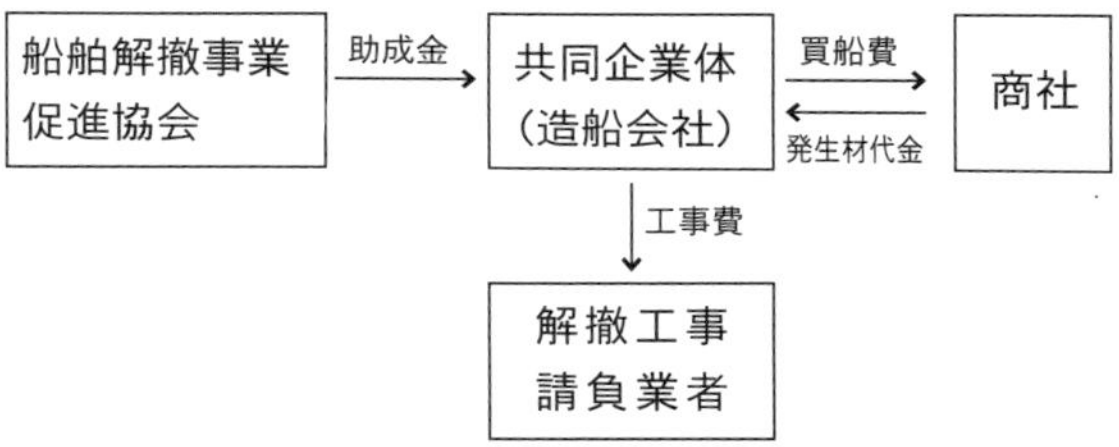

（出所）日本鉄鋼連盟『鉄鋼界報』1984 年 9 月 11 日

　日石丸の解体は八五年五月末から始まり、九月中旬に完了したが、八月二六日（夕刊）『朝日新聞』の「解体される高度経済成長のシンボル　日石丸　栄光の座、いまは昔　一七億円の鉄くずに」といったように新聞、週刊誌などを賑わせた。船舶解体自体に関しては、共同解撤の受託企業である寺岡が解体において新たな工夫をしたことが『船舶解撤業　風雪20年』に載っている寺岡久弥社長（当時）のインタビューで分かるし、大型修繕ドックを利用したことでULCC解体のいわばモデルケースとして寄与したといえよう。共同解撤は八八年年六月までつづけられたが、日石丸のほかにVLCCも解体しており、その成果もあって、第一章に載せた図1「世界の船舶解体実績」にみるように一九八〇年代の一時期、日本でも解体量が増加した。

船舶解撤事業促進協会が関係した助成金制度による、二〇〇三年度までの船舶解体量（申請ベース）は累計三五七隻、六四七万九〇〇〇総トンに上り、助成金額は一二九億二〇〇〇万円となった。しかし、二〇〇二年度の申請は一隻五三九九総トンにすぎず、二〇〇三年度も五隻二万六三三六総トンにとどまった。九三年度からは日本の船舶解体業者が海外で行う解体も助成の対象となり、三社が手掛けたが、いずれも撤退した。このことは制度が有効に働いた時期もあったが、少なくとも現状では国際市場において解体船価が上昇した大型船を購入して解体することが採算上、きわめて難しくなったことを意味している。

いま日本の解体現場では

なぜそうなったかは、長い期間をとってみれば国内における人件費の高騰、環境規制の強化のほかに、船舶解体によって生じる伸鉄材の需要がなくなったことが大きい。逆にいえば、現在、船舶解体の中心となっている国は人件費が安く、しかも伸鉄材などの需要があるので、伸鉄材や鉄屑が大量に得られる大型の解体船購入に当たって日本よりも高い価格を提示できるということ

古沢鋼材の解撤ヤードで。漁船は丸ごと陸揚げして解体。左の漁船は解体が進んでいる（1999年6月撮影）

になる。

その一方で、機密保持が必要な海上自衛隊の艦艇のように、国内で解体しなければならないケースもある。小型の内航貨物船、漁船、作業船などは採算がとれれば引き受ける。それらが、業者数が減少したとはいえ、国内において独自の解体船市場が成立する要因といえよう。

日本解体船工業会は九〇年以降、事業活動を中止したまま存続していたが九九年に解散した。現在、先に挙げた助成金交付制度に関連して一〇社で構成する船舶解撤企業協議会が存在するが、それらの企業が常時、船舶解体を手掛けているわけでない。陸上における構築物の解体や廃棄物処理を兼ねているからである。

日本の船舶解体業界では広島県江田島市にある古沢鋼材がもっとも規模が大きいと教えられて九九年六月に訪れた。古沢鋼材はＶＬＣＣをはじめとする鋼船のほか、ＦＲＰ船、木造船とすべての船舶の解体に対応できる、いわば全天候型の会社だった。解体現場を見学したが、漁船を丸ごと陸揚げして解体していた。大型船は岸壁に係留して大ばらしをした後、陸上で小ばらしをする。解体作業は当初、ガス切断だけに依存していたが、七五年にギロチン・シャーを導入した。ギロチンはスクラップを電炉に装入するサイズに「裂く」という役割を果たす。ギロチンでは良質な伸鉄材は得られない。その半面、手間をかけなくなっただけ解体コストは低くなった。その変化は解体によって生じた鉄屑の出荷先が電炉メーカー、一部が高炉メーカーとなり、すべて溶解用になったからでもある。機械化という点ではその後、ラバンティ・シャーという大きな爪、あるいは鋏の付いたシャー(剪断機)も備えている。この機械は鉄骨カッターといったところであろう。解体物件は船舶に限らない。そのときも、このヤード以外の場所で陸上のケミカルプラントの解体を手掛けていた。営業内容は鉄骨構造物解体業といった形態になっているという話だった。

近海の艦艇の引き揚げ開始

ここで船舶解体事業について、第二次世界大戦直後から現在に至る日本の状況をまとめておこう。敗戦直後から鉄屑や解体船の輸入が再開されるまでの期間は都市における戦災屑、そして沈船引き揚げによる鉄屑の回収が主体となる形で推移した。四六年五月八日『朝日新聞』の「〝鋼鉄の戦犯〟哀れ・熔鉱炉の露」が敗戦直後の艦船の状況を表している。呉港には四〇年七月、爆撃を受けた戦艦「伊勢」「榛名」、空母「龍鳳」など一〇隻の軍艦が沈没したり、擱坐しているが、旧呉海軍工廠において播磨造船所が「龍鳳」などの引き揚げ・解体作業を始めたとある。解体中の写真が掲載されている特殊潜航艇の「咬龍」について「一時は旧呉工廠のドックに屑鉄とともに埋没されていたが、再び引き出されて五つのブロックに切断され、これも〝戦犯者〟として溶鉱炉の露と消えてゆく」と描かれている。

　鉄屑の輸入が始まったのは五〇年であり、第二次世界大戦前に大量の鉄屑を依存した米国からは五二年に初輸入され、五三年に本格化した。したがって敗戦直後からかなりの期間にわたって、国内における戦災屑とともに沈没艦船や商船から得られる解体屑は鉄鋼業界にとって貴重な原料だった。[2] 日本サルヴェージの『60年の歩み』（一九九五年）によると、一時的にサルベージブームを引き起こし、最盛期には業者数が全国で百数十社にも上ったが、五〇年頃から戦災船の処理が一段落したなどの理由によって、戦後に登場した会社は次第に業界から姿を消した。このサルベージブームを構成した会社のなかには、播磨造船所のような造船会社も含まれていた。

　そこに至る時期は第七章で強調した「沈船引揚時代」が敗戦直前の中断期を経て再来したともいえよう。それに一つの区切りをつけた観があるのが太平洋戦争中に設立された大東亜海事興業の戦後における社名変更と一時期の活躍、そして消滅だった。『社史　合併より十五年』（山下新日本汽船）によると、大東亜海事興業は敗戦直後の四五年九月に東洋サルベージと社名を変更し、瀬戸内海一円の沈船引き揚げなどで一時期、日本サルヴェージに次ぐ業績を上げたが、沈船引き揚げブームの一段落とともに業績が悪化して解散した。その後、日本サルヴェージ、岡田組、甘糟産業汽船、宮地サルベージ、呉造船所（播磨造船所から分離独立）など七社は五五年に始まったフィリピンにおける役務賠償による沈船引き揚げに参加するなど注目を集めたが以降、沈船引き揚げ—鉄屑回収の分野では大きなビジネスを展開する機会を失った。

間もなく高度経済成長が始まろうとする時期、言い換えれば鉄鋼需要が高まりをみせた時期に当たる五三年には解体船の輸入も始まった。日本経済が五五年に高度経済成長に入った段階において、同じ「フネ」でも沈船ではなく、輸入解体船が鉄屑の供給源として重視されるようになったのである。その過程において、日本は香港とともに世界の解体船市場を二分するようになり、五八年から五九年にかけて一挙に解体船ブームを引き起こし、戦前のような活況を取り戻した。

関連業界に起きた大きな変化

そうなった段階で、フィリピンの沈船引き揚げの役務賠償に参加したグループのその後の変化に触れておこう。日本サルヴェージは本来的な海難救助会社に回帰した。造船が本業だった呉造船所の場合は六八年に石川島播磨重工業に合併され、その呉造船所となった。日本におけるＵＬＣＣの初めての解体ということで大きなニュースとなった日石丸が石川島播磨重工業呉造船所の建造だったように高度経済成長期に巨大タンカーの建造で知られる存在に転換した。船舶解体業からスタートした会社のケースに関しては、第四章に登場してもらった細田重良さんにインタビューしたさい、第二次世界大戦後、甘糟がどのような形となったかも聞いていたので、その内容を紹介しよう。

太平洋戦争後に甘糟は解体船事業を再開しました。私は横浜に移り、甘糟の番頭の仕事を長くしました。大阪のほうの解体船事業は尻無川河口の鶴町で手掛けていました。

横浜のほうでは横須賀市の追浜に解体工場を設けました。解体から生じた鉄スクラップは千葉の川崎製鉄と川崎の日本鋼管に三菱商事経由で納入していました。甘糟にはメーンバンクがなかったために、解体船の購入にさいして商社金融に依存したということです。したがって、三菱商事の側からすると、船の購入、鉄スクラップの納入の二回にわたってマージンを稼ぐといった形になります。チリの戦艦ラドレ号（二万六〇〇〇トン）を五九年に横須賀市の安浦の海岸で解体したこともあります。曳航に保険をかけずに、また、真鍮のスクリューを別途購入して載せてくるなど採算をとるのに苦心しました。

ただし、甘糟の場合、解体船事業よりもやがてサルベージ事業が主体になりました。沈船の引き揚げのさいの潜水夫は岩手県、千葉県の潜水夫の組合を通じて、仕事が生じたら雇うという形態でした。(3)

その甘糟はサルベージ事業を中止し、岡田組も沈船引き揚げ、船舶解体業界では耳にしなくなった。宮地サルベージだけが事業を継続している。

ここで、輸入船の解体が主体となった段階において、新たにその分野で有力な存在となっていた松庫商店と産業振興について若干の説明を加えておこう。『松庫工業３０年史』（一九九五年）によると、松庫商店は一九三八（昭和一三）年に北京で設立され、屑鉄回収や沈船引き揚げを手掛けていた泰治洋行の元社員が日本に戻って設立した。古くからつながりがあった日本製鉄の分割後は八幡製鉄との関係を深め、フィリピンの沈船引き揚げが浮上した頃には、有力な船舶解体業者に発展していた。

一方、これまでに第二次世界大戦前における東京の鉄屑問屋、徳島佐太郎商店を取り上げてきたが、それが発展した産業振興（株）が解体船事業に進出したのは一九五二（昭和二七）年だった。大阪・木津川の河口が最初の拠点だったが、五九年には作業所を泉大津に移して実績を上げた。

第二次世界大戦前は解体船の輸入は主として神戸の船舶ブローカーが斡旋したが、戦後は鉄鋼の専門商社、さらには大手総合商社が船舶解体事業に関与するようになったのが新たな傾向だった。専門商社で活躍が目立ったのが阪和興業である。『阪和興業二十年史』（一九六七年）によると、八幡製鉄が購入した国内解体船の受託解体を手掛けていた松庫商店とタイアップし、伸鉄材の取引を開始したのは五二年であり、さらに五五年、当時は伸鉄メーカーだった臨港製鉄と共同で米国から貨客船を購入し、大阪港に曳航して堺で解体した。臨港製鉄は第二次世界大戦前、東京の鉄屑問屋、岡田菊治郎が出資して設立した伸鉄メーカーであり、現在は電炉メーカーである。この提携事業はその後、拡大して、船価と人件費の高騰によって六三年一一月に撤退するまでの間に一七隻、一四万四五〇〇総トンを解体している。

その時期に商社も市場から撤退し始めた。『伊藤忠商事１００年』によると、六二年に鉄鋼業界を襲った厳しい不況によって中小単圧メーカーの倒産が相次いだ情勢に対処して、伊藤忠商事は五五年頃から始めていた伸鉄材の輸入や内外の船舶解体事業を中止することにしたとある。松庫海事（現社名は松庫工業）にとっては松庫商店から分離・独立した直後の時期に当たるが、『松庫工業30年史』によると、松庫海事は海外中古船から国内船の購入へとシフトし、たんなるスクラップ化ではなく、五〇〇〇～一万トン級の解体船の船底を活用して作業台船を建造するなどの新機軸を打ち出した。さらに鉄構造物の製作工場を新設し、その後、その工場を超重量・超容積の海洋工事用の鉄構造物を製造する工場に転換し、港湾土木事業にも展開した。

伸鉄材の販路縮小が大きく影響

ここで船舶解体業の現状を『船舶解撤業　風雪20年』がどのように分析しているかをみよう。一般に船舶解体の発生材は、①平板のまま土木工事現場の覆いとして使われる敷板、②鉄筋コンクリート用の棒鋼を生産する材料である伸鉄材、③製鋼用の原料となる屑鉄の三種類であり、かつてはそれぞれ大きな需要があった。七五年頃からＪＩＳ規格が普及して、伸鉄材から製造される棒鋼にはＪＩＳ規格が与えられないために、公共事業をはじめとして次第に使われなくなった。発生材のうちで需要量が多く、価格がよい伸鉄材の販路縮小が船舶解体業の経営を強く圧迫したというのがおおまかな分析結果である。

となると、八五年に解体した日石丸の場合はどうだったかが気になる。雑誌『海運』八四年一一月号に掲載された島田宏・一三社共同企業体代表理事の「わが国船舶解撤事業の現況と問題点」というリポートには「解体船の購入と発生材の販売は住友商事に、解体工事を寺岡鉄工にそれぞれ担当させ鋭意、事業に取り組んでいる」とある。そして、このリポートにおいて「函館解撤においで高能率の作業を行っても（助成金の補助を受けても）まだ赤字となっている状態である」と述べているのが印象的である。[4]

日石丸の解体が採算上、どのような結果に終わったかは分からなかったが、新日本石油タンカー(株)が提供してくれた解体工事終了後の発生材実績とそれぞれの用途のコメントが当時の状況を知るうえで、また今日の状況につながる示唆が含まれていて興味深かった。敷板、伸鉄材、スクラップ(鉄屑)、非鉄、鋳鋼・鍛鋼類に分類されている発生材の合計五万一四二五トンは、各新聞が鉄スクラップとしてだが、予測している数字ときわめて接近した数字となっていた。伸鉄材が三万七六二三トン、七三・二％ともっとも多く、その一般的な用途のコメントとして、日本では伸鉄メーカーの需要量が少ないので、日本よりも建築基準が緩やかで、建設需要の多いアジア諸国への輸出依存度が高いとあった。鉄屑は一万二一八〇トン、二三・七％だったが、市況が暴落しているために解体終了後一年を経た時点でまだ函館に在庫されていることが記されていた。

六社に激減した伸鉄メーカー

それでは、もっぱら船舶解体材に依存してきた伸鉄メーカーの現状はどうなっているのか。端的にいうと、伸鉄メーカーも激減している。各年の工業統計調査による伸鉄業の推移を遡れるのは一九五五年以降であり、もっとも事業所数、従業者数が多かったのは六一年の二〇四事業所、八五五五九人だった。事業所数が一〇〇を切ったのは八〇年であり、八五年には五〇となった。その年の従業者数は一六五四人、製造品出荷額等は四四六億六五〇〇万円である。それが九九年になると、事業所数一二、従業者数二六一人、製造品出荷額等が四三億二〇〇万円と激減してしまった。また、全国伸鉄工業組合の員外者を含めた統計によっても、伸鉄メーカーの主要生産品目である建設資材の小形棒鋼のシェアは著しく低下した。八八年度は五三万トン、三・九％だったのが、九八年度には一九万トン、一・六％に減っている。

別の視点でいえば、伸鉄業の現状は八九年に発行された『産業振興六十年社史』における伸鉄メーカー、九七年に作成された日本鉄リサイクル工業会の『鉄リサイクル事業のマニュアルブック』の伸鉄材のそれぞれの説明によく表れている。『産業振興社史』における伸鉄メーカーの説明を総合すると「良質の鉄屑、または製鉄所の圧延工程で最終のロールまで通らなかった鋼材であるミスロール品などを材料として、これを加熱圧延して販売するメーカーをいう」となる。良質の鉄屑というところで船舶解体材の存在をカバーしているのだが、日本ではそれを強調する必要はなくなった。伸鉄メーカーが激減してしまった結果、製鉄所のミスロール品などで需要が充たされているからである。古沢鋼材で取材したさいに聞いた船舶解体で生じた鉄屑はすべて溶解用に出荷している状態と一致している。

一方、『マニュアルブック』は「伸鉄材とは再生用丸棒に使用される原料で、厚みが最低九ミリ以上、長さ一・五メートルくらい、幅一・五～二〇センチくらいの普通鋼をいう。日本では中四国地域で若干の需要がある。現在では韓国、台湾等への輸出向けが多い」とする。ここでは日本では中四国地域で若干の需要があるという点に注目したい。なぜならば広島県福山市の鞆《とも》地区に往時に比べて企業数は激減したが、僅かながら伸鉄メーカーの集積がみられるからである。かつては鞆の津と称された湊町であり、江戸時代には船用の金物類を製造するところとして知られていたという。その鞆地区を訪れたのは九九年六月だった。

ここには全国伸鉄工業組合がある。事務局長を務めていた柳本幸雄氏の説明によると、その時点で全国伸鉄工業組合の組合員は一〇社であり、そのうち四社が鞆地区、二社が九州、三社が大阪、一社が東京に存在した。そのほかに広島県内に組合に加入していない業者が二つあるということだったが、その合計である一二社は、だいぶ後になって発表された九九年末が調査時点の九九年工業統計の数字と一致している。それだけ小さい業界になったということでもある。

かつて鞆地区だけで伸鉄メーカーが五〇社はあったといわれるが訪問当時、存続していた四社では、溝蓋となることが多い平鋼を生産している一社のほかは異形棒鋼を製造しているといってよかった。伸鉄材は高炉メーカーのミスロール品が主体であり、製品は特約店経由で出荷している。稼働している工場を案内してもらった道すがら、柳本・事務局長は伸鉄業を廃業後、それらの跡がどうなっているか、いくつかのケースを挙げた。会社自体は存続し、マリーナを設けてレジャー事業を手掛けているケースもあるが、鋼材の販売に転業した、シャーリングをした後、溶断に転向したなど金属工業、船舶金物工業の町の特色は失せてはいなかった。

伸鉄メーカーの原料は、材質の不安定な船舶から生じる伸鉄材を避けて、質のよい高炉メーカーの発生品に変わったが、溶解せずに製品にする伸鉄業の業種特性ゆえに調質できない。言い換えれば元の材質がそのまま材質に反映されており、アパートの間仕切りやブロック塀などに使用されるといった程度にすぎなかった。

二〇〇四年一月一三日『鉄鋼新聞』の「鞆伸鉄業、新製品で活路」はその後の伸鉄業の状況が紹介されていて興味深かった。二〇〇三年一二月末現在で全国伸鉄工業組合員は僅か六社となり、そのうち三社が福山市鞆地区、一社が笠岡市にあって広島支部を構成している。六社合計の二〇〇三年度の生産量の予測は一万一二〇〇トン程度、かつて伸鉄の総本山といわれた鞆伸鉄業のトリデを三社が懸命に守っているとある。メーカーは培った技術力を活用し、広島県、福山市とも支援を強化しているというのが記事内容であり、新製品である平鋼を利用したしゃれた門扉や防護柵、さらには丸棒を使用したごみステーションの写真が添えられていた。

第三部　鉄屑が映し出す昭和初期の日本

第一一章　鉄屑ブームと農村の窮乏

息を吹き返した海軍工廠

一九二〇年代後半から三〇年代前半、すなわち昭和初期の日本は金融恐慌と世界恐慌の時期だった。そのなかで京浜地域など都市の工業において、三一年九月一八日に起きた満洲事変以降、大きな変化が生じた。軍港都市、横須賀ではなおさらの状況が生じたのは当然といえよう。その年一二月一三日に行われた金輸出再禁止が経済情勢に及ぼした影響も大きかった。

満洲事変勃発の五カ月前に遡ろう。横須賀海軍工廠は、ロンドン軍縮に伴う作業量減少に起因する人員整理によって悲痛な雰囲気に包まれていた。三一年四月一九日『横浜貿易新報』の「工廠よ左様なら！　きのう悲痛な退廠式　無限の愛着を残して　千八百三十七名の退職工淋しく去る」によると、退廠式での荒城（二郎）工廠長の告辞は「いよいよお別れの日が来た。長い間、よく仕事に精を出して立派な成績を挙げてくれたことを厚くお礼をいう」に始まり、この日、海軍工廠以外の軍需部五九名、建築部三七名、港務部二〇名の各部傭人も整理された。『横須賀市史　市制施行八〇年記念』（横須賀市、一九八八年）によると、この一八三七人の整理で工員数は八五七一人とそれまでの最盛時の四五％に減少した。

ところが、海軍工廠のこのような状態は満洲事変が勃発すると、翌三二年に軍備拡張の方向がはっきりとして一変した。『昭和九年　朝日年鑑』の横須賀市の市勢紹介によると「海軍工廠は緊縮時代の約七五〇〇人の職工が三二年五月ごろから漸増、三三年六月末現在、約その倍数といわれ、クレーンの下の騒音は市の繁栄を謳っている」とされ、『昭和十年　朝日年鑑』では「海軍工廠は三三年度に入って増員また増員し、三四年一月から東北六県の青年を狩り集めたのをはじめ、臨時職工の大量募集を行って、往時の盛況をしのぐと称せられている」ほどになった。

そのようすは三三年七月一日『横浜貿易新報』の「羨むなかれ職工景気　一ケ月の収入五百三十円　五万や十万の金持はザラ」に現れている。内容を一部省略して紹介すると、

素晴らしく景気のいい話――工廠職工さんが非常時のおかげで二八日の給料日に一体　最高はどのくらいもらったか。二次電気工場で働いている日給三円八〇銭の某職工さん、仕事がいくらでもあるにまかせて朝出て徹夜して晩帰る、翌日またそれを繰り返すこと一ケ月。早出、残業、徹夜の加給と特別手当、それに一〇日分の賞与を加えて、驚くなかれ、一ケ月の総収入五三〇円也だ。気絶しないようにして下さい。一職工が海軍中将、工廠長、村田豊太郎閣下の一ケ月の収入より多きこと三〇円也ですぞ。横須賀で本当の金持ちといったら職工さんなんだ。現金五万円や一〇万円持っているのはザラにある。なかには三〇万円というのもあるんだから、海軍士官なんか、この点では足もとへも寄り付けない

となっている。満洲事変以降の軍需景気は横須賀海軍工廠だけではなかった。先に引用した文章によると、そこでは三二年五月頃から職工数が漸増とあったが、年末に近づくにつれて新聞紙上には軍需工場の好景気がしきりと報道された。

軍需工場は好況に浮かれる

その状況は『東京朝日新聞』でいえば、三二年一一月二三日「景気の尖端　二億円の慈雨で躍動する軍需工場　材料はすべて国産品」につづいて一二月二七日「何んと豪勢な飛行機製作工最高収入月五百円　さすがは航空国防時代」となる。さらに年が明けると、『神戸新聞』の三三年一月一〇日「煙突下のインフレ　工場通いは自動車　鼻息荒い職工サン　働けば働くほど『お金』になる　黒煙濛々　工場景気」、あるいは『東京朝日新聞』の一月二七日「機械工黄金時代　増給又増給！　何と月収三百円　憐れを止むインテリ求職群」とつづいた。

この時代の新聞の見出しは今日と比べると冗長のきらいもあって、それぞれの記事の内容がほぼ推測しうる。全体の流れをまとめると、三二年夏の「非常時議会」を通過した軍需費など、三四年四月までに約二億円が支出されるとあって、引きつづく不況で沈滞しきっていた工場のうち、軍需工場は一陽来復の活況を呈した。就労時間の延長に伴って、実収入は大幅に増加し、普通優良職工で一日最高五円、最低二円となった。東京府下立川町の石川島飛行機製作工場では三二年一二月の後半一五日分の工賃を職工に支給したが、最高二五〇円内外から最低一〇〇円くらい、平均すると一五〇円は下らなかった。飛行機製作工はなんとも豪勢だ。神戸の工場では特殊技能をもつ職工のなかには出退勤にタクシーを使う者もみられるが「贅沢で乗るんじゃない。暇な連中と話している一刻が惜しい」とのこと……である。

一方、東京府職業紹介所では金輸出再禁止に伴って起きたインフレ景気、円為替安による輸出工業の上向き、さらに軍需工業の活況の三つの影響によって三二年七月以降、就職状況がきわめて活発になり始めた。もっとも売れ行きのよいのは工業方面であり、機械工の黄金時代が描きだされた。なかでも旋盤工、精密仕上工、ミーリング工、フライス工の四つが就職戦線の王座を占め、その熟練工は全国的に払底状態にある。二億円の軍需費支出のなかで大阪、名古屋方面では優良職工の猛烈な争奪戦が展開されていた。

もっとも、それら一連の報道のなかで、東京・立川町の飛行機製作工の豪勢な収入に対して「かけ声ばかりのインフレ景気に年の瀬を控えてこぼしきっている町の人々は寄ると触ると飛行機工のこのうらやましい話題で賑わっている」と描かれている。あるいは東京府職業紹介所の就職状況好転の陰で「なお青白きインテリの就職状況は憐れなもので、同紹介所に積んである履歴書はこの一年間のだけで男女二〇〇〇通、数年前からのではざっと一万通、ドンとホコリにまみれて積んだままである」という状況だったことは記憶されてよい。

沸きおこった鉄屑ブーム

このような好況は鉄屑の異常な値上がりにつながった。三二年九月二日『国民新聞』の「市場奔騰の嬉しい煽り　金属類の値が上り　屑屋さん有頂天　都下六十九の各市場で平常の五倍の取引」では、時ならぬ好景気によって、生糸をはじめ綿糸、株、米各市場の狂騰につられて、東京において金物屑類の値段が跳ね上がったようすを報道している。八月一六、七日頃からにわかに活気を帯びて、警視庁管下六九の各市場に都下二万五三〇〇余の一般屑屋から持ち込まれる屑類は平常時の約五倍に上り、その値段も約三割以上も騰貴しているというのである。日本橋亀井町の脇田商店における金属類の値動きを紹介しているが、この値上がりは八月一五、一六日頃からで三日、四日おきくらいにとんとん拍子に暴騰、九月一日現在、一貫目当りで銀屑物二円三〇銭、銅一円八〇銭、真鍮、亜鉛五〇銭、腐ったような鉄屑でも三〇銭、四〇銭の値を呼び、日をおって高騰の気配をみせていた。

そのような状況を反映して、三三年一月四日『読売新聞』は、連載「33年＝景気のあけぼの」の第二回として「鉄成金時代！ 犬の首輪まで惜しい」を掲載している。文中における東京市荒川区三河島町の銅鉄問屋、鴻巣商店の描写と主人へのインタビューが面白い。三二年秋以来、銅の取り扱いをやめて鉄専門の商売に模様替えし、看板の浮き出し文字「銅」のほうをすっかり塗り潰して今では鉄の買い一方、買って買って買いまくり、裏の倉庫からはみ出して庭へ山と積み上げるほど古鉄を買いまくった。鰻登りの鉄の値段が一〇割の狂騰を見せて、買いためた品は買った当時の二倍の値段で現金と換えることができる状況になっている。だが、あくまで買いの一点張り、主人の頭脳には「何万トンかの軍艦や巨大なタンクの疾駆する幻影が、この古鉄の山を眺めているうちに描き出されてくるらしい」と描写するところに非常時の時代相が現れている。

文章の末尾を原文のまま引用すると「ブラヴォ鉄！いまやまさにアイアン・ラッシュの景気来

るだ。そこでエプロンをつけた鴻巣夫人は『主人は鉄でもう夢中なんですよ。飼い犬のジョンの首輪が鉄でつけてあったンですけれど、それももったいないといって取っちゃったくらいなんですもの』と、さもさも嬉しそうにニッコリ笑ってみせた。首輪を取られた飼い犬、ミスター・ジョンも主人夫婦のかたわらでピョコンと尾をふって鉄礼讃の敬意を表する。金を儲けたい方よ、鉄をお買いなさい！」である。

少なかった国内鉄屑発生量

この鉄屑の値上がりの背景には、鉄鋼の増産があったことはいうまでもない。三二年一二月六日『北海タイムス』の「ボロ株トントン高値　鉄成金の黄金夢　インフレ・軍用の横顔」は株式市場の製鉄関係株の上昇、鉄鋼メーカーの増産、鋼材の値上がりをミックスして描写している。

「東京電話」のクレジットに始まるこの記事を、引用を入れながらまとめると、株式市場の上景気のなかでも、最近の値上がりが目覚ましい鉄鋼関係株は、全体の値上がりだけでも一億円近いとみられ、「このところ、欧洲大戦以来のアイアンエージを現出し、鉄成金の噂もチラホラ伝わる有様」である。鉄材、鉄製品の値上がりも著しく、各会社とも増産しているが、軍需品の大量注文で大会社をはじめ個人の小工場までがほとんどかかりきりの状況にある。一般市場の注文は後回しとなって品薄なために、この春頃は一枚四〇〜五〇銭だったトタン板が八〇〜九〇銭に、建築用鉄材も四〜五月頃のトン当たり六〇円が一五〇円以上に跳ね上がった。「為替安とインフレ景気と軍需品の注文であおられたこの景気はいつまでつづく?」としながらも、「いずれにしても景気の王座はまずこのところ鉄類にとどめを差すという次第だ」と結ばれている。

当時は国内の鉄屑発生量が少なかったので一九二〇年代後半、すなわち昭和初年に鉄鋼メーカーは鉄屑を本格的に輸入し始め、鋼材増産とともに米国屑への依存度が高まっていた。三四年五月二日『東京朝日新聞』の「屑鉄輸入激増す　五十円台間近に迫る」は製鋼界の好況に伴った屑鉄の輸入の激増ぶりと価格の上昇を報道している。三四年に入って以降の輸入高は某社調査によると一月から三月にかけて漸増し、三カ月合計三〇万二〇〇〇トンは前年同期に比べると二倍以上の激増ぶりとある。

輸入屑鉄の市価も三四年一月はトン四二、四三円程度で銑鉄市価トン四四、四五円に比べてやや下回っていたが、最近ではトン四六、四七円を唱えており、遂に銑鉄市価を上回る暴騰ぶりであり、五〇円台も間近いとみられ、先行きは一層強調を伝えられている。この屑鉄の市価暴騰には国内の日本製鉄はじめ各製鋼会社の屑鉄買いあさりも要因の一つとなっており、鋼材の価格も先行ききわめて強い形勢にあると分析している。

輪をかけた「黄金狂時代」

鉄屑ブームとともに都市と農村の「格差」を際立たせたのが、当時の表現でいえば「黄金狂時代」という一大ブームだった。鉄屑ブームと重なる時期があり、農村を苛立たせたという点ではそれ以上だったといえよう。その象徴は日露戦争の日本海海戦などで沈没したロシアの艦船に積まれていた金貨を引き揚げようとする動きにあったが、たんにロシアの艦船の金貨目当てだけでなかったことは当時の新聞を見ればすぐ分かる。
うねりは三二年一二月一三日の金輸出再禁止によって起きた。三三年一月二八日『都新聞』の「黄金狂時代　何と一貫四百匁の純金の大徳利　値上り見越しの珍産物…」は出だし、次のように描く。

黄金狂時代、大小のドル買い、素人の純金地金買い占め、日本銀行の窓口に兌換希望者の長蛇の列、これが猫の手も借りたいという師走も押し迫った二〇日頃の市中の一風景でありました。ドル買いや金塊を買い占めた人々は、このお正月をとくにホクホクで迎えることができましたが、日本銀行で一〇円、二〇円の金貨を生命がけで兌換した連中は潰すことまかりならぬの法令に、あたかも猫に小判のそれのごとく、持ちあぐんだ揚げ句、またまた日本銀行へ返しに行った連中も少なくなかったそうであります。

見出しとなった純金の大きなトックリは東京・神田の地金店から造幣局東京出張所に品位証明を求めて持ち込まれた。
この風潮は三三年に入ってもとどまらず、一月二四日『東京朝日新聞』の「いつまで続く？金の狂想曲…」などによって、日露戦争時に沈没したロシア艦艇の金貨探しに発展したのである。対象となったのは巡洋艦のナヒモフ号、リューリック号、戦艦のスワロフ号と多彩だった。そのうちのリューリック号には元逓信大臣、小泉又次郎がかかわった。「又さん」と愛称で呼ばれた人気政治家であり、一九〇八（明治四一）年に神奈川郡部選出で衆議院議員に初当選し、敗戦に至るまで連続一二回当選を重ねた。その間、三四（昭和九）年から三五年にかけて横須賀市長を兼任した。平成の小泉純一郎首相の祖父に当たる。その又さんが三二年一二月一一日の『東京朝日新聞』に「海底の金貨探し　また一組登場　ナ号でなくてリウリック号　会長は小泉元逓信相」と登場する。引用すると、

今度はさらに元露帝御召艦「リウリック号引揚同志会」という別派が生まれ、民政党顧問、元逓相、小泉又次郎氏も「男性的な仕事だ」とばかり、一代の思い出に会長の主役を買って出て、往年の「山王台」の山から今度は海底に乗り出そうということになり、師走の海底インフレ合戦はいよいよゴー・ストップの交通整理が要るほどの大賑わいを呈することとなった。……役者が小泉氏だけにセンセーションを起こしている

とある。山王台とは普選運動が高揚していた時期、しばしば、そこで会合がもたれ、そのシンボル的表現となった。小泉は普選運動の荒武者だった。その後、浜口（雄幸）内閣、第二次若槻（礼次郎）内閣の逓信大臣を務めた。

その記事によると、当時の露艦は戦時、いずれも相当の正金を持っていたのが通例とされ、一〇〇〇万円くらいはあるとの説があった。また、リ号はロシア最優秀、壮麗の御召艦で、ハート型純金板に皇帝御紋章の二羽のワシの拝み合いを彫刻し、その眼球には四個のダイヤモンドをち

りばめた皇帝御下賜品を艦長室に安置してあるといわれていた。

日本海に消えたバブル現象

しかし、警視庁の摘発によってブームはバブルと消えた。三三年三月一九日『東京朝日新聞』の「金塊引揚げ　一般の出資者保護の声高まる　法規不備・弊害続出」がその背景をうかがわせる。これらの計画が資金を得るに当たり、一般公衆から募集の方法を選んでいるにかかわらず、その形式は商法もしくはその他の法規に基づいてなされていない。一口金額一〇円という債券的性質をおび、しかも事業成績と会計上に責任の帰属が明確でない組合類似の行いをなしているばかりでなく、その出資券が転々売買されつつある事実はいよいよ弊害の甚大なるものがあるとして、ようやく経済界に問題化されてきたというのである。

詐欺による警視庁の摘発は三三年九月のナヒモフ号に始まり(1)、三四年四月のスワロフ号とつづき、同年九月のリューリック号で終わった。スワロフ号の引揚会長は子爵であり、当時、華族の不行跡がしばしば問題となっていて、その面の波紋は大きかった。小泉元逓相も参考人として事情聴取されたが、疑いが晴れて不起訴となった。

不況時代にこんな金儲けはないとばかりに、沈船引き揚げの資金募集はサラリーマンや中産階級の人気を呼んだ。リューリック号の場合などは一〇〇〇口一万円也をポンと現金で支払った資産家もいたと新聞報道にあるほどの過熱ぶりだったが、「投資家」はどのような目にあったのであろうか。

リユーリック号引揚同志会の場合、募集は三万口、一口の金額は一〇円だったから三〇万円が入ってくる計算だったが、当時の各新聞の報道によると、どこもが募集口数を上回る応募があり、それを返さなかったので入ってきたカネは膨れ上がった。警視庁の摘発が始まった段階で引揚同志会が解散を決めたが、三四年一〇月一四日『東京朝日新聞』の「株主早まるな　抜目のないブローカー暗躍　だが半金以上は戻る」によると、出資者は約二万人、五万五〇〇〇口の五五万円に上った。払戻金額は額面には満たぬ模様だが、この情勢を察知したブローカー連は「株は五〇銭、一円の配当もない」と早くも買い占めに狂奔しているので、同志会では警視庁の注意もあり、株の名義書き替えを停止し、「処分せぬよう御注意申上候」との通知をだすこととなったというのである。

ブローカーの抜け目のなさに驚かされるが、三四年一二月一八日『横浜貿易新報』の「リウリック引揚　半額払戻し　市民の出資三万五千円」では、前日から一般出資者に対する第一回の払い戻しが開始された。横須賀方面では小泉又次郎の関係もあって、約一五〇〇人が三万五〇〇〇円を出資していた。一枚当たりの払い戻し額は證券一枚につき五円となっていた。

青森、北海道の農村の窮状

一方、農村の不況はその後もつづき、深刻化した。とくに三一〜三二年に深刻な冷害に見舞われた東北地方、そのなかでも青森県と北海道の凶作は甚だしかった。加えて三二年には北海道の広範囲、青森県の一部地域は大水害に襲われた。三一年一二月八日『東京朝日新聞』の「死線に

あえぐ青森県　飢饉救済の猛運動　県当局全員が上京」によると、青森県の知事以下県出身代議士をはじめ県会議員全員や青森、弘前、八戸三市商工会議所会頭らがあげて上京し、東京・神田のホテルが臨時県会協議場となった。県下町村長代表十数名も急ぎ上京して合流し、政府当局に向かって二〇〇〇万円の救済資金融通の猛運動に参加することになったが、地方行政機関の中枢を挙げて帝都に集中したことは空前のことだった。「欠食児童を調べる先生も欠食状態　一県議惨状を語る」が併載されていて、「惨状は口では申されません。一瞬で来た大震災と同様な悲惨事をじりじりなめているのが青森県の実情です」と訴えている。

北海道も同じように悲惨な状況だった。(2)『北海タイムス』の三一年一一月三〇日「聞くもたゞ涙　凶作農村の哀話　子らの食糧を保つため断食三日　餓死線上に見る母性愛」は、十勝地方のある村の駐在巡査から帯広本署への報告に基づいて書かれているが悲惨のきわみである。小作農家の夫が出稼ぎに行った後、一〇歳を頭に六人のこどもを抱えた妻が米、味噌に次いで馬鈴薯も尽き、キャベツあるいはダイコンをできるだけ保たせようとお湯で煮て糊状態にして食べているが、これも後幾日もない……。帯広本署は直ちに村役場に連絡し、応急救護処置を講じるようにしたとあるのが唯一の救いとなっている。

三二年の北海道と東北地方は大冷害に加えて大水害に見舞われた。青森県は岩木川沿岸だったが、北海道では広範囲にわたったことが九月二日『北海タイムス』の「二百十日　颱風代りに豪雨　全道の河川氾濫　堤防決潰、橋梁流失、田畑浸水　各地とも被害甚大」によって分かる。八月中旬以来、断続的に降りつづいていた雨は、三〇日夜から九月一日に入り、いよいよ猛威を加

え、各地とも稀有の豪雨となった。石狩川沿岸各町村の水害がとくにひどかった。(2)

実在した「青春のない村」

北海道、東北地方が大凶作だった三一〜三二年、あるいはそれ以降も若い女性の身売りの話がしきりに報道されている。北海道では三一年一二月二〇日『北海タイムス』の「悪周旋屋の魔の手　困窮の家庭へ延る　最近旅の人買い続々入り込む」では失業者と困窮者にあふれている石狩地方の炭坑町に娘をねらって、おびただしい旅の周旋屋が入り込み、「最近、本道各地、遠くは京浜地方に酌婦としてかなり多数売られて行ったが、彼らの活躍はなお一層猛烈を極めている模様である」と結ばれている。

一方、三一年一〇月三〇日『東京朝日新聞』の「生きる悲哀　煉獄の山村　娘の身代金で　官地を払い下ぐ　一村の少女全部が姿を消す…」、同じく一一月一二日「青春のない村　囚人以下の生活　死線にあえぐ…」は、東北地方において国有林が総面積の八割五分を占める地域のある村を取り上げて、それがたんに凶作という要因によって生じたのではないことを明らかにしている。この村では全国的に廃娼運動が高唱されるなかで、娼妓や芸者を各地に送り出し、若い娘を見ることさえ稀となってしまった。

記者が現地取材した報告によると、その原因は明治初年、地籍台帳作成による官民有地決定のさい、村民が租税をのがれるため祖父伝来の田畑をできるだけ狭少に届け出たことに遡る。それが尾を引いて、村民は自ら耕してきた田畑を法律上は国有財産の荒無地《こうぶち》として払い下げてもらわざるを得なくなった。この寒村が負担した払い下げ資金だけでも一五万円に及んだことや、予算三万円に足らぬこの村の村税の滞納が二万円で、小学校教員の俸給は三カ月も滞っている現状を説明したうえで、「こうして娘を売らねばならぬ『客観的情勢』は次第に作られてきたのである」と分析した。

軍港の特務艦にもSOS

三二年五月一七日『横浜貿易新報』の「飢饉で売られた娼妓　郷里の青年と心中　苦界の身に添う事出来ぬと…」に接するとき、言いようもない暗澹とした思いにかられる。現地取材の対象となった村とは地域的にも隔たった東北地方のある村出身の娼妓と村で恋人だった青年とが横浜の遊郭で心中し、ともに生命危篤となった。青年は横浜に来て、客となって登楼、身の振り方を相談したものの身の代金の工面ができずに心中を企てた。

三三年一一月五日『東京朝日新聞』の「水兵の妹救わる　特務艦『富士』の士官が醵金『青春のない村』の哀話」は「『青春のない村』の一少女が倫落のふちから貞操のSOSを叫んでいるのを入営中の兄とその上官が救った非常時、横須賀にさいた美談……」という書き出しに始まる。これも東北地方の一六歳の少女が悪周旋屋にだまされ、伊豆の温泉の料理店に前借金二〇円で雇われてきたが、女中とは真っ赤なうそで酌婦の群れに売り飛ばされたので、横須賀軍港特務艦、富士に乗り組み中の兄に「救ってくれ」の手紙を寄せた。妹の身を案じ、浮かぬ顔をしている水兵を上官が察知し、事情が判明した。富士艦長から早速、静岡県の三島憲兵分隊に少女の保護方の連絡が行き、兄の分隊長の特務中尉が同艦士官の同情金をもって憲兵分隊を訪れた。すでに五〇円の前借となっていた借財を支払い、少女を女中として雇い、末は同艦士官団で責任をもって嫁がせると少女を伴って引き揚げた。

黄金狂ブーム、軍需工業都市の活況に対する農村の窮乏にみる、都市と農村の多面的な乖離が大きな社会不安を生みだした。その時期、金解禁を実施し、ロンドン軍縮条約を実現した浜口首相に対する三〇年一一月の狙撃事件に始まり、三二年二月の井上（準之助）前蔵相の暗殺、三月の団（琢磨）三井合名理事長の暗殺、そして五月には犬養（毅）首相を射殺した五・一五事件と農村の窮乏が影を落とすテロ事件がつづく。そして三六年の斉藤（実）元首相、高橋（是清）元蔵相を殺害した二・二六事件に行き着き、三七年七月の日中全面戦争と結び付いた。

第一二章　廃艦船が果たした役割

新聞では「廃艦」で登場

商船は廃船となると、解体されて伸鉄材や鉄屑と化す。それと比較して、軍艦など艦船はどうだったのか。防衛研究所で接した具体例をみよう。第五章で引用した一九二六（大正一五）年四月六日に横浜市の銅鉄商、甘糟浅五郎に払い下げられた旧特務艇、長浦に関しては、その年一月一四日付で横須賀鎮守府司令長官から海軍大臣あてに「旧特務艇廃船ニ関スル件」が上申されていた。横須賀海軍港務部が保管している旧潜水艦母艇である長浦は船体、機関ともに腐朽が甚だしく、再用の価値がないと認められるので廃船としたいので認許されたいとの内容である。二月一七日付で「廃船処分認許ス」とされた。潜水艦母艇は当初の潜水艦がごく小さく、居住性も不十分だったので乗組員の休養などのために必要であり、長浦はその一隻だった。

注意しなければならないのは「廃船」と、新聞の紙面でよく現れた「廃艦」との関係である。新聞では廃艦の段階で記事となる場合が圧倒的に多く、廃艦後は入札の結果が稀に載る程度だった。一つの例を示すと、一九一五年二月一一日『東京朝日新聞』の「決定廃艦九隻」である。「海軍省にて目下、本年度廃艦に関し調査中なるが、来る三月中旬頃までに結了すべきはずなれど、戦時中に付き、一切公然の発表はなさざる由、すでに決定せる廃艦は左記九隻にしてうち四隻は軍艦、五隻は駆逐艦なり」とあり、その艦名が載っている。ここでいう戦時中とは第一次世界大戦のことだが、軍艦に該当しているのはいずれも海防艦である。

海軍の「フネ」をもっとも広くとらえると「艦船」となり、それには艦艇と特務艦、雑役船の分類がある。艦艇の一部が軍艦である。軍艦には戦艦、巡洋艦、航空母艦、潜水母艦、海防艦、砲艦などが含まれるが、この記事が示すように駆逐艦、それに潜水艦は軍艦ではない。水雷艇、掃海艇、さらに特務艇と称する哨戒艇、潜水艦母艇なども同様である。特務艦は主な任務によって工作艦、運送艦、砕氷艦、測量艦、標的艦などに分かれている。曳船もそうだが、雑役船は種類が多い。

あらためて「廃艦」に戻るが、そこには雑役船は含まれていない。おおむね、艦艇の籍、駆逐艦でいえばその籍から除籍されることを「廃艦」といっていた。したがって廃艦後、雑役船に編入されて再利用された駆逐艦などの例も多い。

大砲などは海軍で再利用

防衛研究所には各鎮守府長官あての海軍大臣の訓令も残っている。「除籍艦艇処分ニ関スル訓令」もその一つであり、「左記特務艇、雑役船及除籍艦艇取扱規則第十六条第一号後段ノ規定ニヨリ廃却処分スベシ」といった文面だった。つづく「記」には各鎮守府ごとに廃却処分する旧軍艦、旧特務艦、旧駆逐艦、旧潜水艦の名称が記されている。また、取扱規則の第一六条とは「除籍艦艇ノ廃却ハ特令ニ依ル又其ノ処分ハ第六条、第七条ニ準ズ」とあり、第六条は「廃艦艇ハ海軍工廠長ヲシテ保管セシメ内造船造兵材料ニ適スルモノハ解体処分ノ上同材料ニ編入セシメ其ノ他ハ売却処分セシムベシ」である。旧軍艦などと記されているように、これらはすでに除籍されており、他の公文書をみると、いったん軍港の港務部長が保管し、廃却すなわち廃船処分となると、海軍工廠に引き渡された。装備していた大砲やその他海軍で再利用できるものは保管し、その他を売却する。廃却処分には訓令によるケースのほかに、冒頭の旧特務艇、長浦のように上申、認許のケースがあったということになる。

「廃艦」という用語には、あやふやな面もあったようだ。第四章で大阪において艦艇の解体が行われていた証拠として、一九二九年一〇月に火災を起こした元砲艦の最上のケースを引用した。この最上に関しては、それより二年前の二七年五月二五日『都新聞』に「佐世保軍港で廃艦の鋼材盗まる　ボートで乗付けた二人組　軍港初めての重大犯罪」が載っている。佐世保軍港内に繋留されている最上、佐多その他の廃艦は第四予備艦隊に編入されているが、この両艦に深夜、ボートで乗り付けた二人組が真鍮、銅、鉛等の重錘やその他艦壁鋼材等約三〇〇斤を盗み、原形を叩き潰して古物商に売った事件を佐世保憲兵分隊が検挙したという内容である。

この記事の「廃艦となって予備艦隊に編入…」という記述にひっかかった。『日本海軍史　第七巻』（海軍歴史保存会編、一九九五年）の艦歴表によると、当初、通報艦、後に一等砲艦に編入された最上は二八年四月一日に除籍、同年七月六日に廃艦第三号と呼称、二九年一月三一日廃船、同年六月一日に売却となっているからである。これに従えば、鋼材が盗まれた段階では除籍されていなかった、除籍を前提として佐世保軍港に繋留されていたとすれば疑問は氷解する。廃船と売却の間の時間差は佐世保海軍工廠で必要な部分を取り外して売却した。それが大阪の木津川尻まで曳航されたのであろう。

稀有な「厳島」のケース

海軍がどのくらいの金額で売却したかは公文書で判明するケースが少なくないが、入手した側がそれをどのような形で解体し、どのくらいの利益を上げたかまではなかなか分からない。その例外が日清・日露戦争において軍艦として活躍した厳島《いつくしま》（初代）である。一九二五年一〇月九日『大阪毎日新聞』に載った「日本三景艦として名高かった『厳島』がタッタ十三万円　八日呉の入札で落札」とそれを落札した飯野商事呉支店のようすを記述した『飯野６０年の歩み』（飯野海運、一九五九年）によって、その経緯を明らかにしよう。厳島は一八九一（明治二四）年にフランスのツーロン造船所で建造され、橋立、松島とともに三景艦と称された。

まず『大阪毎日新聞』の記事だが、当時の入札のようすがよく分かるので、前半部分はそのまま再録する。「廃艦厳島（四二五〇トン）の公入札は八日、呉海軍工廠購買課で原田課長立会のもとに阪神、広島、長崎その他各地から集まった四六名により入札を行ったところ、舞鶴飯野商事株式会社呉支店に一三万四四四〇円で落札したが、一トンあたり僅かに二七円余である」となる。

一方、『飯野６０年の歩み』によると、開札の結果、飯野商事が一四万余円で落札したとあり、

「そのころ、入札する商人は談合して新規参入を認めなかったので、花田(卯造)呉支店支配人は苦心の末、入札参加に成功した」と記述されている。そして伸鉄材や鉄屑などの売却総額二一万一九七四円から解体にかかわる総費用一八万七三〇六円を差し引いて二万四六六八円の純利益を上げたと記載されている事実が貴重な資料となっている。

解体にかかわる費用に関しては内訳があり、厳島の買受代金が一四万六一円、解体費三万五一五〇円、運搬費四四九四円のほか、解体に先立って厳島艦上で挙行した解体式費、係留費などから雑費に至るまでの細かな数字が並んでいる。文章から判断すると、買受代金イコール落札値段とされるが、新聞報道による落札価格との五六〇〇余円との差がなにを意味するかは公文書が見いだせなかったこともあって突き止められなかった。

そのほかにも、①厳島を呉軍港から吉浦港に曳航、繋船して解体作業は福岡県八幡市の入江賢助に二万五〇〇〇円で請け負わせ、約八カ月で完了した、②バラスト(軍艦のつりあいをとるためのおもり)には鉛があるとの予想であったが、解体してみると鉛はまったくなかった、③当初、厳島の処分は解体か転売か未定だったが、海田市(現在は広島県海田町)の佐古田商店から三〇〇〇円の差金で引合があり、次いで大阪の業者から差金三万円で買い取りの申し込みがでるに及んで解体することに決めた——という興味深い記述がみられる。

すなわち、①においては第五章で取り上げた旧潜水母艦、秋津州の場合、払い下げを受けた阪口定吉商店と実際に解体した浦賀の信濃屋との間でははっきりとしなかった関係がここでは明示されている、②に関しては、鉄よりも高価な鉛が存在するかどうかは採算上、大きな問題となる、

③の落札後、買い取りの申し込みがあった事実は、第四章で天洋丸について証言した青柳篤幸さんが落札したさいの名義人がすぐ転売するケースがあるなどこの種取引は複雑だったと語ったことを裏付けるからである。

海底深く沈んだ標的艦

一方、海軍の艦艇には、最終的に鉄屑化されない場合があった。一九三〇年三月一四日『大阪朝日新聞』に載っている「古い潜水艦四隻を沈めて新案防波堤　財源難から思いついて　大阪市港湾部の試み」がよい例である。呉鎮守府から払い下げの内報を得た段階の報道だが、滝山（良一）助役は「まったく金がないために思いついた大阪市独特の新案港湾施設だ。近藤（博夫）・港湾部長が呉へ行ったときはなるべくタダでもらうよう頼んだはずだ」と語っている。第四章で引用した三一年四月一〇日『大阪朝日新聞』の「明るい港の珍・グロ風景　潜艦防波堤と荷役の怪物…」では、大阪市が一隻五〇〇〇円で買い込んだ廃潜水艦の波号三隻による木材置場の防波堤が近くできあがるとあり、一隻減らされ、タダとはいかなかった。

ほかには標的船となって艦艇が海底深く沈んだケースもあり、新聞に紹介されることが多かった。たとえば二八年八月一四日『横浜貿易新報』の「壮烈な爆弾投下演習　浪高き相模灘で廃艦初春を撃沈す　海相初め海軍諸星環視の下に」である。海軍の首脳が演習を視察し、軍艦、那珂艦上で岡田（啓介）海相以下各将卒は初春に惜別の登舷礼を行い、音楽隊は「生命を捨てて」の譜を奏している。ただし、沈められた後、引き揚げられたケースもあった。一六年五月一六日『東京朝日新聞』の「廃艦壱岐の落札」によると、前年九月末に伊勢湾で行われた第一艦隊戦闘射撃訓練のさい標的艦として渥美半島沖で撃沈された元一等海防艦壱岐の払い下げ入札が前日の一五日に実施されている。入札者は五四人に上り、開札した結果、六万八一五〇円で神奈川県久良岐郡金沢村（現在、横浜市）の加藤勇次郎が落札した。

「武蔵」は海上少年刑務所に

また、ともに二等海防艦から一九二二年に特務艦に編入され、測量艦に類別されていた大和（初代）、武蔵（二代）はすぐには解体されず、ユニークな運命をたどっている。大和は一八八七（明治二〇）年一一月に神戸の小野浜造船所、武蔵は八八年二月に横須賀造船所で竣工の姉妹艦だった。ともに鉄骨木皮艦であり、一九二八年四月二八日『横浜貿易新報』の「可愛がられる　今は花魁船　といっても軍艦だ　持て囃される大和」に示されるようにエピソードが多かった。記事が載ったきっかけは、その年一〇月に大和が呉から横須賀に転籍することだったが、武蔵とともに旧式のマストの形から部内では花魁船、あるいは、かんざし船といっていたことや、その姿がすこぶる捨てがたい趣があると絵かきなどがちょいちょいやって来るとしている。

それから二カ月も経たない二八年六月一六日『横浜貿易新報』の「おいらん船の内　武蔵は司法省へ　大和はどう処分される　引く手数多の商人連…」が眼をひく。大和と武蔵は両艦とも艦体は木材だが、用材は素晴らしい檜と楠で、艦底には鉛が数百貫つめられていて、金具類はほとんど真鍮ずくめである。海軍から払い下げをうけて、つぶして売ったら、手取り一隻で一〇万円くらい儲かるだろうといわれている。武蔵はすでに廃艦となり、司法省に近く移管されると聞いているが、一〇月に横須賀にやって来る大和もいずれ近いうちに廃艦となるだろうと払い下げ希望者は今度ばかりはと待ちうけているとある。

司法省に移管された後の武蔵に関しては、二九年一月二一日『横浜貿易新報』の「海上刑務所武蔵　昨日開所式…」など一連の報道によって、小田原少年刑務所の支所として日本で唯一の海上刑務所となり、神奈川県三浦郡浦賀町の海岸に繋留されたことが分かる。職業訓練の一つとして県水産試験場の船などで実習させていたが、武蔵を基地に少年二六名を収容し、自前の練習漁船二隻で大島沖など近海に出漁させる体制をとった。一方、大和のほうも、払い下げを熱望した商人の期待をよそに、武蔵の後を継いだことが三五年一〇月三日『都新聞』の「小田原・浦賀少年刑務所訪問記」によって分かる。

民間に引き継がれたタンカー

もう一つのユニークなケースは特務艦、野間である。後年、タンカー会社として目覚ましい発展を遂げた飯野海運だが、当時は飯野商事と称しており、軍艦、厳島の払い下げに成功したことは先に述べた。その飯野商事が外航タンカーに乗り出すきっかけとなったのが一九二九年の特務艦、野間の払い下げだった。野間は第一次世界大戦終結後の一九年一月に英国の造船所で進水した急造の戦時型タンカーであり、海軍が重油輸入に使用する特務艦建造の参考にするため購入した。米国からの石油輸送に用いられたが、低性能で油が漏れるので二八年、特務艦籍を除籍された。

『飯野60年の歩み』によると、野間の入札は二九年二月一二日に呉で行われたが、飯野商事は一八万円で落札した。野間はその年四月、播磨造船所におけるタンカー日本丸（八五二〇重量トン）への改装工事を終了し、以後、主として北米、南方からの海軍の重油輸送に就航した。

野間の入札をめぐる経緯の記述には興味深い点が多い。まず、入札に当たって、花田・呉支店支配人と親しかった呉在住の実業家、関家一馬の名義で保証金を納めたことである。飯野商事の名義で落札して万一、引き取れないような場合に、飯野商事の他の仕事に及ぼす影響を恐れたからだとある。付随して事前に花田支配人と関家の間に交わされた覚書には、①落札後、すぐ処分した場合は利益を折半する、②飯野商事が修繕して運航する場合は関家は異議を唱えず、一万円の慰労金を受け取る――などの条項が盛り込まれていた。関家に関しては「関家一馬等専門家と相談して入札額を見積もった」と記述されているが、第九章で取り上げた鉄屑配給統制規則に基づく指定販売商の名簿において呉市本通一の一八、関家一馬を見いだした。関家は有力な鉄屑取扱業者だったのである。

魚礁に転用された駆逐艦

「廃艦」の行方を追跡していく過程で昭和初期、すなわち第二次世界大戦前の一九二〇年代後半から三〇年代前半にかけて魚礁となった駆逐艦、潜水艦が多かったことに気が付いた。そもそもの始まりは、三四年三月一一日『東京朝日新聞』（夕刊）の「魚のアパート　廃艦『かえで』を沈

東京朝日新聞

第一萬七千二百一號

魚のアパート

廢艦「かへで」を沈む

1934 年 3 月 11 日『東京朝日新聞』（夕刊）記事

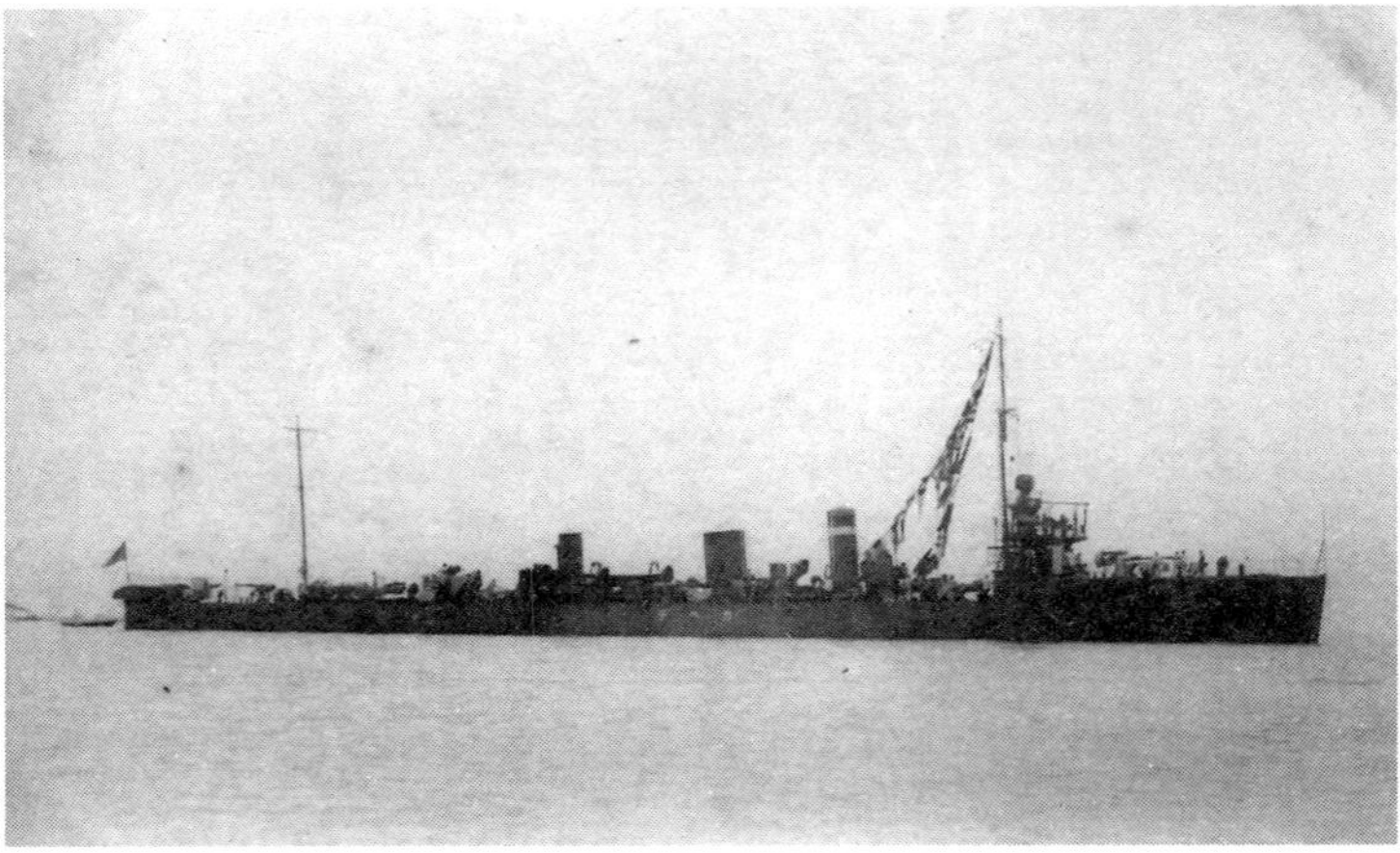

駆逐艦「楓」。絵葉書より

む」という記事だった。ほぼ原文のまま引用しよう。

軍艦引き揚げの黄金狂時代に、これはまた逆に船を沈めてうまいしるを吸おうという話――神奈川県水産会と三浦水産会では廃艦「楓《かえで》」を払い下げて石、松材、砂俵をつめ込み魚のアパートを作って一一日午後二時、三浦郡西浦村沖相模湾の底深く沈下した。県下では最初の試みであり、全国的にも珍しいので付近の海辺は見物人で大賑わい、魚の住家「かえで」は長さ七九メートル、土俵のなかにつめた干しいわしをつつきにくるたい、ゆづきなどの「海の幸」を誘致し、楽しいホームに集まって来たところをだまし打ちにして一網打尽にしようというのであって、半永久的設備をしている。

「楓」「夕暮」の沈下場所

後で調べて楓が駆逐艦だったと分かったのだが、写真を見るかぎり、そんな風情は全くない。なにもかも取り外された細長いフネの残骸らしい物体に櫓で漕ぐ小さな舟がへばりつき、何人かの人が作業しているのが分かる程度である。『日本海軍史　第七巻』の艦歴表によると、楓は一九一五年三月二六日竣工、二等駆逐艦に類別、三二年四月一日除籍とある。

しばらく後になって『横浜貿易新報』でいくつかの関連記事を見いだした。三〇年三月一六日に「海底に魚族のアパートを作る　廃艦の水雷艇を沈めて　県水産課の新しい試み」とあるから、魚礁の計画は四年前まで遡ることになる。「この方法を最近実施試験しているのは全国中で水産王国といわれる静岡、千葉両県のみで、実現の暁は本県水産界の興味の焦点となるであろう」と記事が結ばれているのがその後の探索に大きなヒントとなった。また、楓が沈められたのと同じ頃、神奈川県三浦郡葉山町沖で元駆逐艦「桂」が魚礁となったことも分かった。

「楓」の沈下を見た人に会う

そのような新聞記事に接しているうちに、実際に沈下の状況を見た人にどうしても会いたくなった。現在は横須賀市域の大楠漁業協同組合の協力によって、二〇〇〇年九月に漁協の秋谷支所に目撃者に集まってもらって、そのときのようすなどを聞いた。以下はその折りの記録である。

――お二人に駆逐艦の楓が沈められた当日のことからお話を伺いたい。当時の新聞によると、「県下では最初の試みであり、全国的にも珍しいので付近の海辺は見物人で大賑わい」とあります。

高橋芳郎さん　その日は駆逐艦が沈められた現場よりももっと沖に漁に出ていたので、遠くから眺めていました。私は大正八（一九一九）年一〇月生まれだから満で一四歳のときだった。秋谷には私よりも年配で元気な人もいますが、出稼ぎに行ったり、よそに漁に出たりしていて、記憶がないという人ばかりだった。

――細谷さんは、どこで見られたのでしょうか。

細谷清治さん　私も秋谷ですが、高橋さんと違って、西浦尋常高等小学校の高等科の二年生だったので、大人に舟で連れられて現場のすぐ近くまで行きました。県の水産指導船の相模丸や密漁取締船の武相丸のほか、小さい舟がたくさん周りに集まっていた。楓が沈められるときは、乗っていた小さい舟では渦に巻き込まれて危ないので少し離れたところに移りました。いざ沈められようとしたとき、周囲にいた大きな船が汽笛を一斉に鳴らしたこと、駆逐艦が艦首のほうから沈んでいったようすなど、ありありと思い起こします。

――新聞の記事では触れられていませんが、相模丸や武相丸も来ていたのですか。密漁取締船の武相丸は、相模湾に他県の沖合底曳きの密漁船が出没したために神奈川県が監視するために建造したばかりの新鋭船でした。同じ頃、葉山では桂が沈められていますね。

細谷さん　葉山で沈められたのは桂だったのですか。私は榊だとばかり思い込んでいました。楓も榊も第一次世界大戦のさい地中海で連合国側の商船護衛に活躍した駆逐艦でしたね。

――楓は魚礁として成果が上がったのでしょうか。『東京朝日新聞』の記事ではタイなど魚のアパートにするのだと意気込んでいますが……。

高橋さん、細谷さん　アジ、ムツくらいで大きなものは付かなかった。

藤村（幸彦）常務理事　大楠漁協の高橋（信治）組合長はお二人よりも一〇歳ほど年下です

が、こどもの頃、あの辺りを「軍艦」といって、アジがよく釣れたと申していました。五年ほど前までは魚探（魚群探知機）に楓の残骸らしきものがキャッチできたというのですが、いまはそれもなくなったということです。

――魚礁の耐用年数は三〇年として計算されるということですが、いまは完全に消滅してしまったということですね。

藤村常務理事　残骸がすっかり泥に埋まったとも考えられます。

――楓が沈められた当時の地元の漁業はどんな状況だったのですか。相模湾ではブリやマグロもよくとれたと聞きますが……。

高橋さん　魚はいっぱいいました。だが、秋谷の漁師は手漕ぎの一本釣りだった。そのような漁法では、いっぱいいた魚も十分に取れなかったということですね。一七～一八歳になってからのことだが、二〇日間ほど東京湾に面した横須賀の安浦まで出掛けて漁をしたこともある。そのときは安浦で泊まっていました。

藤村常務理事　季節的に南風が吹くと、この辺りでは漁にならないといわれていました。そんなこともあって安浦辺りに行くこともあったということですね。当時は漁業権もいまほど厳しくなかったと聞いています。

――この辺りの現在の漁業全体の状況は、どのような傾向にあるのですか。

藤村常務理事　マダイがここ二～三年は漁獲量が落ちているなど漁業資源は減ってきていいます。その一方で、相模湾の魚種はなお豊富であり、とくに大楠漁協のイワシ、マダイ、地タコはトップ・ブランドにランクされて築地中央市場で高値で取引されています。とくに巻網で漁獲している大羽イワシが「佐島イワシ」のブランドで知られています。そんな状況もあって、未来はけっして暗くないと考えています。

楓が沈下された頃の西浦村の国勢調査による人口は一九三〇年は五三二八人、そして三五年は大楠町と改称しているが、五七五六人と増えている。三三年一月一四日『横浜貿易新報』の「粉雪の中を聖上陛下御採集　きょうは秋谷へ行幸啓」が示しているように、葉山御用邸に近く、三五年七月一日「半島に祝福は沸る　大楠町きょう誕生　旧西浦村が新しき首途へ」では「気候温和、風光美しく避暑避寒にも好適の地、現に竹田宮御別邸をはじめとして知名人士の別荘九〇を越えている。半農半漁村であったが、漸次商業的発展をしつつある」と紹介されている。

「アクアライン」近くにも

一方、木更津市金田地区、当時は千葉県君津郡金田村中島といった地先沖合にも、かつて魚礁として駆逐艦が沈められたのを知ったときはいささか驚いた。木更津と対岸の川崎市(神奈川県)の間、東京湾の海上、約一五・一キロメートルを木更津側は橋、川崎側は海底トンネルで結ぶ東京湾アクアラインが九七年一二月に開通した。駆逐艦が沈められたのはそのアクアラインの橋の取り付け口のすぐ近くの海だったからである。

沈下のようすを一九三〇年一月二四日『東京日日新聞』千葉版の「往年の武勲も哀れ　数分で

海底に没す『夕暮の磯』で僅かに名残をとどむ　きのう金田沖で『夕暮』の沈下」で再現しよう。しばしば報道した通りを意味する「屡報《るほう》」とか、人垣を築いたようすを「堵《ちょ》を築く」とした時代色ゆたかな表現があるが、一部を省略し、送り仮名を現代ふうにする程度にとどめた。

　屡報、魚のお家になる廃艦夕暮（四八〇トン）の沈下は二三日、金田沖で挙行された。午後一時、同組合幹部協力して沈下作業を開始し、県水産試験場のふさ丸の吹き鳴らす汽笛を合図に船底の栓を抜き放ち、数分の後、ありし日の雄姿も大きな渦を残したまま遂に全く海底に没し去った。ときに午後三時一五分、海岸に堵を築いた見物人もひとしく声をのんで、この悲壮な歴史的場面にしばし黙祷を捧げた。ちなみに、同所は「夕暮の磯」と名づけて永く記念するはず。

　屡報とあるので、文中の同組合はそれ以前の記事を参照すると中島漁業組合となる。一方、一月二三日『朝日新聞』（夕刊）の「満艦飾のまま　駆逐艦『夕暮』沈み行く…」では「金田村沿岸の漁業組合が県水産試験場の指導で魚族を誘致するために行うもので……」とあり、三一年三月二四日『東京日日新聞』房総版の連載「房総千夜一夜」の第四六回「赫々たる武勲の艦…『夕暮の磯物語』　君津郡金田村の誇」によっても裏付けられる。そこでは金田村長で中島漁業組合長の鎗田喜十郎が地元の中島だけでなく瓜倉、畔戸、久津間各組合とも協議した結果、海軍省から廃艦の払い下げを受けようと評議が一決したとあるからである。

中島だけで行わなかったのは江戸期以降、一八八九（明治二二）年までは中島、瓜倉、畔戸、久津間はそれぞれ独立した村であり、四カ村の地先漁場を対象とする「四ヶ浦慣行」が存在したからであろう。また、防衛研究所に残っている二七年一二月一〇日、千葉県知事から横須賀鎮守府司令長官に提出された「築磯試験　為廃艦無償交付申請」によって、千葉県がかかわっていたことも分かる。文語体で書かれた申請書を書き改めて要約すると、次のようになる。

千葉県下沿岸漁業振興の一方法として県水産試験場で大正一三（一九二四）年度以来築磯試験を実施し、良好な成績を示している。従来の施行方法は木船沈設、あるいは木枠沈設だったが、それを廃艦艇に代えれば持久力があるので、沿岸漁民の利益も大きくなるであろう。ついては、その試験に用いたいので、横須賀鎮守府所属の廃艦艇のなかでなるべく小型のものを一隻、無償交付していただきたい。

申請の一年余り後の二九年一月一〇日の日付で横須賀鎮守府司令長官から海軍大臣にあてた上申では目下、横須賀海軍工廠で保管中の廃駆逐艦四隻のなかであれば差し支えないので、ご詮議されたいとの内容である。

「夕暮の磯」と金田漁協

金田漁業協同組合の鴇田栄治・参事を訪問したのは二〇〇一年六月のことだった。金田氏は次のように語った。

金田漁協の組合員が出漁している海域には前浦、北方、新場、それに海軍と称されているところがあります。海軍は「東京湾アクアライン」の木更津側の橋の取り付け口よりも二キロほど盤州干潟に寄った海域です。海軍の呼び名は、その辺りに駆逐艦夕暮が沈められた名残というわけですが、組合員のなかで沈められた当時のようすを記憶している人はいまのところ、見つかりません。親からそんな話を聞いたことがあるという人はいますが……。

東京湾の千葉県側では、工業地帯の造成で漁業協同組合が次々に解散しました。東京寄りの南行徳、市川市行徳、船橋は現在も存在するが、そこから内湾沿いにずっとつづいていた漁協はすべて消滅し、木更津市に入って、金田のほかに牛込、久津間、江川、中里、木更津第二、木更津と合計七つの漁協があります。

現在、金田漁協には貝類が中心の共同漁業権とノリの区画漁業権が存在し、許可漁業としては小型底曳きの二四隻などがある。区画漁業権が設定されている区域は、九月から四月いっぱいのノリの季節が終われば貝類の共同漁業権の対象となる。ほかに漁協が金田潮干狩場を開設し、一〇万人ほどのレジャー客を迎え入れている。

一九五五年に始まった高度経済成長期に東京湾の千葉県側は京葉工業地帯に大きく変貌した。木更津市の隣の君津市には今や新日本製鉄の主力製鉄所となった君津製鉄所の高炉がそびえる。

木更津市の一角はかつての漁村当時の面影を僅かだがとどめ、しかも大都会に住む人びとに海のレジャーを提供する空間となっているのである。

ここかしこで沈下計画

魚礁に廃艦を利用しようとする動きは最も早い時期に実施した千葉県を追う勢いで全国に広まっていく。そのあたりの状況をもう少しみよう。千葉県では一九三一年四月一二日『東京日日新聞』の房総版「廃艦の『魚の家』　更に房州の二ケ所に設置」によると、三一年度の新事業として安房郡岩井町（内湾）、同郡天津町（外海）の二カ所に築磯工事をしようと地元漁業組合の寄付金を取りまとめていた。防衛研究所に残された三五年に千葉県知事から横須賀鎮守府にあてた廃艦払い下げの陳情書には二九年以来、数次にわたり廃艦払い下げを受けたが……とあり、払い下げの実績を積み上げていた。

一方、千葉県と並んで、早く取り組んだ静岡県の場合、三〇年四月四日付で横須賀海軍工廠長から臨時海軍大臣事務管理の浜口雄幸に出された「廃船売却処分ノ件報告」が防衛研究所に存在し、同年三月二七日に公称第七二五号曳船兼交通船（旧掃海艇白露）が二〇〇〇円で静岡県知事に払い下げられた。ともに『静岡新聞』の前身に当たる『静岡民友新聞』『静岡新報』によると、一時期、三等駆逐艦だったこともある白露（排水量三八一トン）は駿河湾の好漁場である石花海《せのうみ》、当時の新聞報道では瀬の海の漁獲量が極端に減った対策として沈められた。

八月一一日『静岡新報』の「瀬の海の底深く　とこしえに魚の家　暮れ行く駿河湾上に挽歌悲

しく　白露の沈下を見る」によると、清水港で最終準備作業を終了した白露は八月一〇日、県水産試験場の富士丸に曳かれて現場に向かった。「夕闇に包まれ艦尾は浪に没し、続いて艦頭没せんとする刹那、白根（竹介）知事発声の万歳三唱は富士丸のサイレンと交錯し、余韻ははるか太平洋上に消え去り……」と悲壮感が漂った。

白露につづいて、三一年一二月一二日付横須賀海軍工廠長から海軍大臣に出された「廃船売却処分ノ件報告」によると、同年五月二〇日に波号第九潜水艦、波号第一〇潜水艦が各二〇〇〇円で静岡県知事に払い下げられている。こちらのほうは三一年五月一〇日『静岡民友新聞』の「廃艦払下決定　一隻は稲取付近へ沈下」、あるいは六月六日「愈々　御前崎沖へ　廃艦で築磯」の関連記事が掲載されており、この二地点で沈下させた可能性が濃い。

三隻一挙払い下げの高知県

一方、千葉、静岡各県以外の早い時期のケースでは、呉海軍工廠長から海軍大臣あてに一九三一年五月二八日付で廃駆第一〇号（旧第一〇掃海艇）、同一一号（旧第一一掃海艇）、公称第六二〇号曳船兼交通船（追風）をそれぞれ一万一四〇〇円、一万一二五〇円、一万一五二九円で高知県水産会に払い下げた報告がある。『日本海軍史』の艦歴表によると、それらは水無月（初代）、長月（同）、追風（同）と、もともとは駆逐艦だが、その後、水無月、長月は掃海艇に、追風は雑役船となった経緯がある。払い下げは神奈川県の楓、桂のケースよりも時期的に早く、一度に三隻も払い下げられたのに興味を抱いて現地で裏付け調査をした。

高知県立図書館で閲覧した『高知県水産会創立十年史』（高知水産会、一九三三年）にその経過が記述されていた。高知県水産会が雇った船によって三一年六月末から八月中旬までの三回にわたって呉港から高岡郡須崎港まで曳航した。甲板の切断除去など必要な準備作業を終え、米糠、土俵、石材、生木、木柱を三隻に積載して順次沈下した。ここで不思議に感じたのは第一回（追風魚礁）、第二回（菊月魚礁）、第三回（長月魚礁）として、それぞれの位置、水深などが掲載されているのだが、その魚礁名である。それぞれ駆逐艦当時の艦名を魚礁名としたように思えるが、防衛研究所に残された公文書では水無月、長月、追風が払い下げられたとあり、水無月と菊月が入れ替わっている。

『日本海軍史』の「艦歴表」では追風、水無月はいずれも三一年五月二八日売却、高知県沿岸魚礁として海没とあるのに対し、長月は同日に売却とあるだけである。一方、菊月のほうは三〇年六月一日に除籍とあるだけでその後の記述はない。高知県立図書館で閲覧した三一年七月二一日『大阪朝日新聞』高知版の「廃艦魚礁沈設　仁淀川沖に」によると、元駆逐艦追風の神官による潔め式が前日、艦上で県の水産課長、水産会の正副会長、御畳瀬《みませ》漁業組合員らが列席して行われ、仁淀川沖で沈設された。『高知県水産会創立十年史』の刊行は魚礁設置後、間もない時期であり、追風のほかは菊月、長月だったのではないかと思うのだが、その経緯はどこかミステリーじみている。

激化した廃艦払い下げ競争

その後、廃艦の払い下げ競争は一段とエスカレートした。三四年四月三日『横浜貿易新報』には「廃艦歓迎時代　一隻の廃艦に諸方から払下げ願　このところ海軍も思案投首」が載っていて、「神奈川、静岡、和歌山、千葉ほか数県から最近、横須賀鎮守府に廃艦の払い下げを願い出てきたが、目下、払い下げの運命にある艦は『欅』一隻だけで、娘一人に婿八人というところ、鎮守府でもどこへ払い下げていいものやら思案投げ首である」とある。『横浜貿易新報』の三四年六月六日「廃艦払下の希望　続出で困る　魚の棲家・大成功で」が示すように神奈川県では県および県水産会に合計八隻の払い下げ申請があるという地域レベルの競争になっていた。

その結末はどうなったのであろうか。三五年一〇月二六日付の横須賀海軍工廠長から海軍大臣あての「廃船処分ノ件報告」によると旧呂号第二〇、第二一各潜水艦が七月四日に神奈川県知事にそれぞれ五〇〇〇円で売却された。この報告には七月二三日に同第二二潜水艦が千葉県知事にこれも五〇〇〇円で売却されたことが記されている。中郡水産会が払い下げを受けた潜水艦は一〇月二一日『東京朝日新聞』の「呂二十号沈下式」によると、二〇日正午から大磯町で沈下式が挙行されている。

それでは旧呂号第二一潜水艦のほうはどこに沈められたのか。三五年七月一四日『横浜貿易新報』の「潜水廃艦二隻をまた魚の家に沈下す　交代後初の県参事会議案」において、付議される主な三五年度追加予算案が挙げられ、そこには「廃船払い下げ代（旧呂二〇号潜水艦を大磯町地先へ、旧呂二一号潜水艦を初声《はつせ》村三戸地先へ沈下するため、関係組合に払い下ぐ）一万円」とある。他の記事とも併せて旧呂号第二一は現在は三浦市に含まれる三浦郡初声村の沖合に沈められた。[1]また、千葉県に払い下げられた旧呂号第二二潜水艦は安房郡千倉町忽戸の沖合に沈められた。そのほか、すべて魚礁目的だったとは言い切れないが、三六年二月に旧駆逐艦、桐を佐賀県知事に売却したなどいくつかの公文書が防衛研究所に残っている。

事前作業の具体的な報道も

魚礁となったケースでは、沈下する前に、いろいろなものが取り外され、いざ沈下のさいは艦艇とほど遠い状態になっていた。その事前の作業のようすを具体的に報道していたのが三一年七月一七日『大阪朝日新聞』高知版に載った「ムシリとられて丸裸の掃海艇　魚礁になるため」である。呉鎮守府から高知県水産会に一隻一万二〇〇〇円の割で払い下げた廃棄掃海艇三隻は五月下旬から魚礁にするため呉市吉浦町、菅波常次郎氏の手で解体作業を行い、一トン四〇〇〜五〇〇円のめぼしい真鍮、銅、鉄屑を取り外しているが、おそくも七月末までに作業を終え、高知へ回航するはずとある。艦名は記されていないが、時期的にみて、七月二〇日に仁淀川沖に沈められた「追風」でないことは確かである。

じつはこの記事に接するまでは三隻の払い下げ価格が各一万円以上であり、ほぼ一年半前の夕暮の千葉県知事への払い下げ価格の二〇〇〇円に比べて高すぎる、あるいは防衛研究所で公文書を書き写すときに間違えたのでないかと気になっていた。この記事で「一隻一万二〇〇〇円の割りで払い下げた」とあり、その点は氷解した。しかし、価格差の問題は残る。

ここで気が付いたのは防衛研究所に残された横須賀海軍工廠が計算した夕暮の見積もり価格である。夕暮の場合は装備や銅、真鍮などは取り除いており、残るは鉄屑だけだと見積もり、解体に要する費用を差し引いて二〇〇〇円で払い下げた。一方、追風など三隻は必要な装備は取り除いたが、銅や真鍮など「うまみ」のある部分をかなり残して払い下げた。それが「一トン四〇〇～五〇〇円の真鍮、銅、鉄屑などを取り外しているが……」に結び付くのではなかろうか。

この時期、多くの駆逐艦や潜水艦が魚礁となったのには一九三〇年四月に調印されたロンドン軍縮条約との関係がある。この条約ではワシントン条約でまとまらなかった補助艦（巡洋艦や駆逐艦、潜水艦）の比率が定められたほか、主力艦建造中止期限が三一年八月までだったのを三六年まで延長することなどが協定された。英国、米国、日本三国による補助艦制限のうち、駆逐艦、潜水艦に限っていえば、日本の協定保有量は駆逐艦が一〇万五五〇〇トン、潜水艦が五万二七〇〇トンとなった。この数字だけでは廃棄量が分からないが、『日本の海軍（下）』（池田清著、至誠堂、一九六七年）によると、駆逐艦の場合、三六年末までにおこなうべき廃棄量は五万二七四〇トン、完成しうる建造量は二万六一三〇トンとなる。潜水艦はそれぞれ三万七〇〇〇トン、一万二〇〇〇トンであり、駆逐艦、潜水艦ともに大量の廃棄を伴った。

それに関連した一連の公文書が防衛研究所に残っている。三一年一月二三日付で各鎮守府長官にあてた海軍大臣の「艦船除籍準備ニ関スル件訓令」では

横須賀鎮守府所属――駆逐艦＝梅、楠、桂、楓、松、杉、柏、榊

呉鎮守府所属――潜水艦＝呂号第一一、一二、一三潜水艦
　　　　　　　　潜水艦＝呂号第五二潜水艦
佐世保鎮守府所属――駆逐艦＝桜、橘、樺、桐
　　　　　　　　潜水艦＝呂号第一、二、三、四、五潜水艦

を除籍準備の対象としている。この訓令に対して、横須賀海軍工廠長から海軍大臣あての「榊ハ横須賀航空隊ニ引渡シニ付施行セズ」の文書が保存されている。三二年四月一日付の海軍大臣の各鎮守府長官あての「除籍艦艇処分ニ関スル訓令」における旧駆逐艦の廃却処分の対象からは榊が除かれた一一隻、旧潜水艦では五隻が含まれている。

全国的に盛んとなった魚礁設置の大きなきっかけとして、沿岸漁業の窮乏があった。第一一章において世界恐慌下の農村の窮乏を都市と比較して描いたが、本来的には農山漁村とすべき状況にあった。防衛研究所に残された三四年四月三〇日付で君島（清吉）宮崎県知事が海軍大臣あてに提出した「廃艦有価払下ノ出願」の文書に漁村の窮状がよく現れている。文語体の文章を口語体にして要約すると、

宮崎県の漁業は主として一本釣、底延縄漁業だが、県外の底曳き網機船の密漁によって漁場は著しく荒廃し、漁村の疲弊、窮乏ますます甚だしい。昭和八（一九三三）年に廃艦「桜」の払い下げをうけて、都濃沖に沈置したが、魚族がおびただしく集まり、漁民は生活の窮状

から免れた。艦艇のいかんを問わず、払い下げ可能なものが生じたならば有償払い下げを受けたい

となる。この出願に対して、呉鎮守府副官は三四年五月一六日付で宮崎県に目下、該当品がないと回答している。宮崎県の文書では漁村の疲弊の原因として県外底曳き網機船の密漁による悪影響が強調されている。底曳き網の対象は本来、海底近くや砂泥の中に身を隠して生活するカレイ、ヒラメなど多種類の底魚だが、密漁船はそれにおかまいなく他の魚類も乱獲してしまう。

ヨサコイ節の漁村でも

底曳き網機船が宮崎県に出漁していた高知県においても、沿岸漁民の窮乏は宮崎県とさほど変わらなかった。高知県水産会が払い下げをうけた追風魚礁沈下の式典に関係者として御畳瀬《みませ》漁業組合の組合員が出席していた。『日本の風土記　四国路』（田岡典夫編、宝文館、一九五九年）に収録されている「浦戸湾」と題する浜崎尋美の文章が故郷の浦戸村、そして隣接する御畳瀬村の機船底曳き網漁業による沿岸小釣り漁業の衰退を次のように描いている。

「私の父はもと漁師であり、小さな舟を帆と櫓でただひとりあやつっては浦戸湾口から土佐沖へでかけ、そこで魚を釣るのをなりわいとしていた。底引網漁船の数がすくないころは、父のような原始的な漁法でもなんとか食っていけたが、底引網漁船が急激にふえてきたので

父たちはうちのめされてしまった。」

「底引網漁船の船子になるのはむずかしかった。網元や船頭の血縁関係でなければ傭ってもらえなかった。もし傭ってもらつてもその待遇はびっくりするほどわるいのだ。……私の父は漁師という仕事にいさぎよく見切りをつけて、東京と阪神のあいだを往復する小さな貨物船の下級船員になった。」

御畳瀬《みませ》村は当時、面積が日本一小さな村として有名であり、村民のほとんどが漁師という純漁村だった。『市町村別　日本国勢総覧』（一九三四年、帝国公民教育協会）は浦戸村の名勝の項で「御畳瀬（見ませ）見せましょ、浦戸（裏戸）を開けて月の名所は桂浜」のヨサコイ節に歌われている桂浜を第一に挙げている。そこには坂本龍馬の銅像が太平洋に向かって立っている。いまは御畳瀬村、浦戸村とも高知市の一部である。

機船底曳き網漁業は大正期以降、急速に普及したが、それまで風力など無動力で引き網した打瀬《うたせ》網などと異なり、動力漁船によって網を引く方式だった。したがって無動力の沿岸小釣り漁業との対立を激化させた。農商務省は一九二一（大正一〇）年に「機船底曳網漁業取締規則」を制定し、禁止区域も設定された。取締規則は三〇年に改正されたが、府県知事の許可制のままだったために、禁止期間の設定などで府県間に違いが生じた。三三年には漁業法改正によって、機船底曳き網漁業は農林大臣の許可制となったが、沿岸漁業との対立は収まるどころか、全国的に激化した。

密漁船乗組員を警官が射殺

神奈川県でも密漁船が出没していて、三三年一月三一日に大事件が発生した。二月一日『横浜貿易新報』の「密漁船と警官隊が大磯沖で大海戦　警官遂に発砲して漁夫を殺す…」によると、一月三一日午後零時半頃、大磯江の島間の沖合に六隻のトロール船がまたまた現れた。大磯署からI巡査ほか五名が漁船に同乗して現場に急行し、逃げ遅れたトロール船二隻との間で氷塊や石が投げつけられるなど乱闘となり、密漁船は舳先を向けて突っ掛かってきた。I巡査が拳銃を向け停止を命じたところ、さらに挑戦してくるので四発発砲した。そのうち一発は乗組員に命中し、一人の死者を出した。

密漁船は愛知県の金弥丸などだった。それ以降、『横浜貿易新報』はこの大事件の報道をつづける。五月一一日「相模湾のギャング劇に登場の二巨頭後日譚…」によると、機船底曳網漁業取締規則違反で懲役二月の刑を終えた金弥丸の船長が過失致死で罰金五〇円となったI巡査と会い、以後は密漁をしないと誓って握手をして別れた。しかし、年が明けた三四年二月二八日に「武相丸・初の手柄　愛知の密漁船二隻　大胆、江の島に現わる…」となった。神奈川県が建造したばかりの快速取締船、武相丸が初出動し、密漁船二隻を追跡し、備え付けの投縄砲を放って引っかけ、格闘の末、一隻の乗組全員を拿捕した。

ところが、この船に金弥丸の船長が平船員として乗り込んでいた。船長の免状を没収されたので船長を別に仕立てて、事実上の船長となっていた。廃艦「楓」の沈下当日、武相丸が現場に出動し、汽笛を鳴らしたと座談会出席者が語った。武相丸が初手柄を挙げた直後といってよい時期

であり、相模湾はいわば修羅場の海でもあったのである。(2)

全国に共通する当時の沿岸漁業の不振、それに付随して娘の身売りまで生じた漁民の生活苦の原因は機船底曳き網による密漁にとどまらなかった。漁船の動力化が進行するなかで、小釣り漁業者のなかで小型発動機船への転換が可能だった者とそれ以外の漁民の階層分化や不況による魚価の低落などに加えて、漁村内部の構造的要因が存在した。漁村内部の網元に代表される有力者層とそれに雇われる漁夫との間には横たわる矛盾は深刻だったし、浜の市場が魚問屋に支配されているケースが多く、零細漁民は問屋に前借りをしている関係上、低価格で漁獲物を引き渡さざるをえなかった。

様変わりした魚礁

艦艇に限らず、古船を人工魚礁として沈設するとき、漁民は必ずといってよいほど魚の餌を添えた。「エサの効果はなかったでしょうね」というのが今日の専門家の一致した答えだった。その一方、このところ、全国各地において水産試験場が創立一〇〇周年を迎えたこともあって、相次いで記念誌が刊行されている。ところが、廃駆逐艦を三隻も沈めた高知県を含めて、疑いもなく実例がある地域の記念誌に目を通したが、いまのところ関連する記述はきわめて少ない。

その一方、第二次世界大戦後は人工魚礁の設置が盛んとなり、近ごろでは二〇〇二年六月二一日『日本経済新聞』の「人工海底山脈で漁場作り…」といったニュースがときたま紹介される。「海底に一・六メートル四方の重さ約六トンのブロックを五〇〇〇個程度積み上げ、高さ一〇メートル強の山を人工的に形成する。海底を流れる潮が山肌を使って上昇、海底にとどまっていた窒素、リン、カリウムなどの栄養塩が太陽光が届く有光層にまで上昇するため、プランクトンが増殖する仕掛けだ」とあり、長崎県で実施した実験では漁獲量が六倍となったという。

第一三章「津軽疑獄」の衝撃波

標的艦爆破の一大イベント

この章では軍港都市・横須賀において起きた津軽疑獄を取り上げよう。この事件は標的艦となった旧軍艦、津軽が横須賀市に払い下げられた後、艦船引き揚げの権威だった後備役の海軍造船少将や多数の横須賀市会議員などを巻き込んだスキャンダルに行き着いた。海軍鎮守府とその所在市・横須賀だったからこそ起きた要素があり、しかも、疑獄が発生した時期がこれまでに取り上げてきた日露戦争の日本海海戦のさいに沈んだロシア艦艇引き揚げの黄金狂ブームや鉄スクラップが高値を呼び始めた時期と重なる。

海軍に絡んだ疑獄といえば、一九一四(大正三)年に暴露したシーメンス事件が歴史的事件だった。それに対して、この事件は当時、節目節目で報道されたが、いまでは知る人は少ない。事件の舞台となった軍港都市・横須賀とは当時、どのようなところだったかを明らかにした後、事件を詳しく報道した『横浜貿易新報』の記事を軸として津軽疑獄そのものに迫ろう。

一九二四年五月二七日『東京朝日新聞』の「廃艦『津軽』愈々きょう爆沈　横須賀沖合に曳出

されて……」といった形で津軽疑獄は始まったといえよう。その日は日本海海戦で連合艦隊がロシアのバルチック艦隊を破った海軍記念日に当たった。津軽はもともとロシア巡洋艦のパルラーダであり、日本海海戦に先立つ一九〇四年一二月に旅順港で陸上砲撃によって大破着底した。三菱・長崎造船所の救助船、大浦丸によって翌一九〇五年八月に浮揚し、日本艦籍に編入された後、津軽と命名され、二等巡洋艦となった。

翌日の二八日『東京朝日新聞』の「檣頭《しょうとう》高く『皇国の興廃』　久し振り三笠の信号　軍艦津軽悲壮な爆沈」によると、京浜地方からも見学者が押し掛け、海岸は人垣を作り、諏訪公園その他の高台は人の黒山を築いた。津軽から四〇〇メートル離れた海面には日本海海戦の旗艦だった三笠が繋留され、マストには「皇国の興廃、この一戦にあり」の信号旗が掲げられるなか、爆弾が投下され、最後に水雷艇から発射された魚形水雷によって津軽は爆沈された。

この時期の三笠はきわめて微妙な存在だった。二二年二月に締結されたワシントン海軍軍縮条約によって三笠は廃棄艦の対象となって艦籍から除かれていたのである。条約を締結した日本以外の四カ国の承認を得て、政府が横須賀で保存工事に着手したのが二五年六月一八日だった。津軽爆破のさいの三笠は記念艦としての保存に目途がついておらず、それが最後の晴れ姿になりかねない頃だった。また、関東大震災が発生して一年も経ていない時期だったことも記憶されてよい。

軍港都市・横須賀の誕生

津軽疑獄そのものはしばらくおくとして、横須賀がどのような街だったか、津軽疑獄が横須賀を舞台とした必然性について、いくつかの資料によって明らかにしよう。『日本家庭大百科事彙』(冨山房、一九三〇年)では、一九三〇年前後の横須賀市は次のような街として紹介されている(一部省略)。

神奈川県第二の都会。横須賀線終点(東京より三八マイル八)。三浦半島の東北、東京湾内の小湾に臨み、丘陵四周、港を囲み、港口は幅半キロメートルにすぎぬが港内広濶《こうかつ》、よく多数の軍艦を浮かべ得る。慶応二年始めて造船所の開設された時は、戸数三〇の一漁村にすぎなかったが、その位置が帝都の防衛上枢要なため、第一海軍区横須賀鎮守府を置かれ、その海軍工廠は造兵、造船、造機等の各部に分かれ、規模広大である。重要な要塞地帯。人口九万六〇〇〇。

行政区域の変遷について補足すれば、一八八九（明治二二）年に三浦郡横須賀町となった後、一九〇七年に市制を施行した。『昭和九年　朝日年鑑』の横須賀市の紹介は「街は丘峻海辺に迫ったところに発展したので、主要市街地は明治初年以来、埋立地上に発達した『埋立の上の都』である。従って住宅地は山の谷間や高い丘の上の『こんなところによくも』と思われる場所にまで伸び、電車軌道、道路の至るところにトンネルがあって、その数五〇に達するは一大異色である」

とある。まさに横須賀は造成された軍港都市だったのである。

一方、津軽爆破は関東大震災から一年も経ない時期に行われた。二三年九月一日に発生した関東大震災は横須賀にも大きな被害を及ぼした。『自元治元年　至昭和二年　横須賀海軍工廠沿革誌』（発行年等不明）によると、海軍工廠だけでも多くの建物が倒壊して即死一〇七名、重傷二〇名、軽傷九〇名、行方不明一八名、微傷約一〇〇名に上った。

安田財閥も土地造成に一役

津軽が爆破されたのは多くの被災者が埋立地の急増家屋、いわゆるバラックで暮らしていた頃でもあった。その代表的なケースが安浦であり、安田財閥の本社である安田保善社の埋立地だった。『安田保善社とその関係事業史』（安田不動産編、一九七四年）によると、この埋立地は二二年一二月に完成させ、確定した埋め立て面積の内訳は公有地八三〇四坪、民有地六万二三九九坪となった。

このあたりの大震災直後の変貌のようすやその発展ぶりは『横須賀市震災誌　附復興誌』（横須賀市震災誌刊行会編、一九三二年）の「田戸バラック集落」や「震災が生んだ歓楽境安浦町」の項に描かれている。草ぼうぼうの新開地には安田保善社の貸長屋一〇〇余戸が建つだけだったが、三〇〇〇坪を横須賀市が震災直後に借り受け、バラックを急造するなど、家がたちまち建ち始めた。三二年時点で安浦町の戸数は一三〇〇余戸を数えるまでに発展した。安田保善社による安浦町一帯の大規模な土地保有は長期間にわたってつづいた。『安田保善社とその関係事業史』によると、第二次世界大戦後の一九五〇（昭和二五）年九月、安田保善社の第二会社として設立された永楽不動産が三万七六七六坪を継承している。

展開された稲楠土地交換

軍港都市・横須賀の行政は海軍の動向と密接に結び付いて展開された。後になって「津軽疑獄」の遠因ともなった稲楠《いなくす》土地交換問題はその象徴ともいえる経過をたどっている。ここで遠因というのは、横須賀市の財政難――稲楠土地交換もその大きな原因となった――を少しでも助けようとしたことが海軍による津軽の横須賀市に対する無償払い下げにつながったからである。

稲楠土地交換問題は関東大震災の復興計画を立てるさいに、海軍当局が横須賀市内に分散していた海軍諸施設を一定の地域に集中させる方針をとったことに始まる。言い換えれば、横須賀鎮守府が、楠ヶ浦町全部と稲岡町の一部である白浜沿岸一帯の民有地を、市内に散在していた海軍用地と交換しようと、二四年二月に横須賀市に提議したのがきっかけだった。

横須賀市では調査研究の結果、二五年一月、市会を開いて、交渉に応じることにした。『横須賀百年史』（横須賀市役所、一九六五年）によると、横須賀市は「軍港都市である特殊的な地位にかんがみて、海軍に対する奉公の意味でこれを快諾した」とある。二五年一一月にまとまった土地交換は、簡単にいえば、市内にある海軍用地六万五五四八坪を横須賀市に渡す代わりに横須賀市が楠ヶ浦、稲岡の民有地三万八八六五坪を買収し、海軍に引き渡すという内容である。その他、細かな条件がいろいろあるが、横須賀市が買収する民有地に関しては、地上物件その他の補償料

(注）泊町はもともと海軍用地といってよく、1925年の国勢調査の人口も一世帯5人にすぎず、土地交換の対象とならなかった。海に突き出た泊、楠ヶ浦、稲岡三町の一帯は、その後埋め立てによって、地形が著しく変化している。

は市が負担することになっていた。

二五年一一月の市会の決議を経て、土地交換は実行に移されたが、横須賀市と楠ヶ浦、稲岡両町住民との交渉過程において、土地の評価や移転料、営業上の補償等について食い違いが生じた。その経緯を『横浜貿易新報』によってみると、二六年四月二五日「稲楠の移転料二割の値上げ　陳情をする事になった　いよいよ面倒なり」などと紛糾するなかで、六月一八日の市会で予算も通過し、横須賀市では八月末限りの移転を両町民に通知した。しかし、一二月六日「稲楠住民の立退　半分にも達せず」という状況であり、その後も紛糾した。『横須賀百年史』によると二七年四月に民有地の買収と地上物件の移転がやっと完了して海軍に提供できた。(1) 二七年六月三〇日『横浜貿易新報』は「海友社落成　移転の魁《さきがけ》　諸建物工事も進む」と報道している。海軍は新しく用地となった稲楠両町に諸庁舎及び新建物新築中だが、準士官集会所である海友社が真っ先に工事竣成し、このほど旧館より移転したとある。一方、海軍から横須賀市に引き渡される海軍用地は、施設物の撤去や大蔵省との協議、手続きに時日がかかった。『横須賀百年史』によると、民有地、海軍用地にかかわる所有権移転登記が完了したのは三〇年三月末だった。

甚大だった市財政への影響

稲楠土地交換が横須賀市の財政に及ぼした影響は大きく、それが津軽疑獄とも結びついていくという経過をたどった。ここでは財政への影響に限って『横須賀百年史』をみよう。横須賀市は二五年秋に海軍側に土地交換評価協調案を作成し、提供した段階で四二万円以上の損失を覚悟してこの事業に取り組んだとある。それに加えて、当初は二六、二七両年度で解決しようとした事業が遅れがちであり、「しかも海軍から引き渡された土地も思うように売却されず、かつ代金の収納にもいろいろの障害があって市財政に大きな打撃を与えた」ということになる。

そのあたりの状況についても『横浜貿易新報』によってみよう。三三年九月二〇日の「愈々弁護士の手で　土地明渡しの訴訟　稲楠、不納者大恐慌」は稲楠交換土地の海軍病院跡、軍需部跡、大津海軍用地などを横須賀市から払い下げの予約をし、そのまま数年間、代金を納入していない四八名に対し、市が最後的強硬手段に訴えることになったので、関係者は大恐慌を来しているとある。

一方、三四年三月二一日の「値段を下げて切売りに決す　元軍需部跡を」によると、横須賀市財産整理委員会が売れ残った元海軍軍需部跡地に九尺の道路を付け、小区画に分割し、価格を二割方下げて売却することにした。また、四月一〇日の「売れ残り交換地の廉売を開始する　病院跡＝三千二百坪」によって、旧海軍病院跡でも同様な措置がとられたことが分かる。いずれのケースにおいても市が海軍から引き渡された土地の最終処分に苦慮しているようすがうかがわれる。

海軍あっての横須賀の意識

稲楠土地交換の経緯を今日的感覚でみるとき、よくもこんな大事業が結果的に多大な市の財政負担で実施し得たことに驚く。それらの状況に関しては、横須賀が軍港都市であり、行政だけでなく、市民の暮らしにおいても海軍と密接に結び付いていたからだとしか説明がつかない。津軽疑獄は第一一代市長、大井鉄丸のときに起きたが、一九〇七年に市制施行以降、第一〇代まで再任を含めて実数八人の市長のうち、四人までが海軍の予備役の将官（いずれも少将）だった。疑獄発生直前の第一〇代市長の高橋節雄（三〇年九月～三二年三月）もそうだった。『横浜貿易新報』の記事を軸として、そのあたりを探ってみよう。

『横須賀百年史』に横須賀鎮守府が二五年九月二八日に「土地交換問題ニ関シテ」と題して発表した声明書が載っている。横須賀市が稲岡、楠ヶ浦の民有地買収案の作成に苦労していた頃であり、この声明書は海軍が「市民の理解を深くさせようとして」発表した。片仮名まじりの格調高い文書のなかのごく一部を書き直しての紹介にとどめるが、海軍の考え方は、①今回の交換問題は土地の買収ではなく、土地と土地との適法な交換をしようとしている、②市の委員会において交換する土地はよく均等を得ているとの結論に達したと聞く、③交換が確定すれば、海軍は市民と協力し、一日も早く海軍発祥の地である横須賀軍港と横須賀市の面目を改めたい、④市の理事者や委員が困難な立場にあって公平無私、横須賀市のため、海軍のために苦心したことについては感謝のほかない。稲楠住民に対して、事情の困難さに同情するが、適法妥当な処分を信頼することが市民としての立派な態度と考える……といった諸点に集約されるといってよいだろう。

いみじくも、この声明書は海軍と横須賀市の一体関係を示しているが、それに関するいくつかのエピソードを『横浜貿易新報』の記事によって綴ろう。

積み重ねた多様なつながり

三四年四月一〇日の「八重満開の長官邸園遊会」は、横須賀鎮守府長官邸における花見の園遊会が恒例となっていて、当日は三浦郡内の高等官および横須賀市内の有志数百名が邸内の八重桜の下でなごやかな光景を呈するだろうとしている。これなどは上層階級との交流といえるだろうが、軍港であることが市民生活に及ぼす影響は隅々まで行きわたっていた。

三一年一一月一一日「市中を賑す退団兵…」は、その日、海兵団において退団式を挙行するが、該当者は一六八五名を数え、市内の土産物屋はこのところ不景気といってもホクホクものだった。三二年八月四日「艦隊入港の前景気　姐さん総出の歓迎　盆踊り風景」によると、八月一七日には第一艦隊が母港に入り、約一カ月間滞在する。そのため、入港当日から約一〇日間、毎夜、芸妓組合では姐さん総出の歓迎盆踊りを米ケ浜海岸埋め立てで開催することになった。前年は櫓の上で音頭をとった姐さんたちが余り大声を張り上げたのでノドを痛め、御座敷つとめに差し支えを生じたなど悲劇が生まれたので、今年は大拡声器を備えて大事な声をセーブする。

これなどはむしろほほえましい話題だが、鉄屑に関連して見逃せない物騒なエピソードが二六年三月二八日の「畑徳親分と千束町の白石と　工廠払下げのことから大立廻りとなったが」である。東京浅草千束町の親分と横須賀市の親分が海軍工廠の鉄屑払い下げのことからいさかいを生じ、東京の親分が子分を引き連れて横須賀に乗り込み、横須賀の親分を飲食店に呼びだし、口論の末、大立廻りを始めた。横須賀の子分が急を知って身内の者を狩り集め、形勢不穏となったので、横須賀署から数名の警官を派遣したが、東京側はいち早く自動車を飛ばして逃走してしまった。

また、それよりかなり後のことだが、三三年一二月二〇日『東京朝日新聞』の「古物商四十六名を監禁して落札独占　横工廠での払下げ」では、横須賀署が軍港に巣くうギャングの一味、三名を留置し取り調べ中とある。一二月四日、海軍工廠の古鉄の払い下げ入札の下見に来た地元や東京、横浜の古物商四六名を工廠表門から脅迫的に自動車に押し込み、三浦郡三崎町で厳重監禁して翌日、時価九〇〇〇円くらいの古鉄を四三五〇円で、仲間が落札し独占したことが発覚した。一味は数年来、工廠、工機学校、軍需部の払い下げがあるたびに同様手段で落札し、利益を山分けして数万円の財産を蓄えていたとあるから、軍港都市には闇の部分もあったこともうかがえる。

海軍好意の無償払い下げ

これまで津軽疑獄の遠因となった稲楠土地交換や疑獄を生みだした軍港都市・横須賀の土地柄を紹介してきたが、ここで津軽疑獄そのものについて、『横浜貿易新報』の記事を軸に迫ろう。言い換えれば、それ以外の引用のときだけ出所を示すことにする。

津軽爆破から二年後の一九二六（大正一五）年八月一三日に載ったのが「ロハで貰って損だ　津軽艦の鉄板払下　大瀧沖で漁業の邪魔す　その引揚の作業」である。残骸を横たえている廃艦津軽のマストや附近に散乱している鉄板の破片が漁業に差し支えるので、漁業組合が鎮守府に願い出て引き揚げ作業をしている。引き揚げた鉄屑は無償払い下げだが、作業費のほうが高くついた。その時点では鉄屑の価格は安かったことがポイントである。

二九年八月二五日「沈んでいる津軽　市が正式に貰う　これを市の財源にする　元は露国からの分捕品」では、廃艦津軽に対して、横須賀市が以前から払い下げの希望を抱いていたが、ようやく無償払い下げを受けることになり、海軍と市との間に前日、正式引き渡しが行われた。「これを市の財源にする」というのがもっとも重要である。なぜならば、この時点において横須賀市は稲楠土地交換事業も大きな原因となった財政難に直面していた。各種の資料によって、津軽の無償払い下げは海軍の好意であり、それが横須賀市の財政に少しでも寄与するという配慮があったことが明らかだからである。

在郷軍人横須賀分会が異議

『横須賀市史』（横須賀市、一九五七年）によると、津軽疑獄の発端は三二年になって、その有償払い下げを日本潜水協会（以下、潜水協会とも表記）、帝国在郷軍人会横須賀分会などが出願したことだった。二九年八月に津軽が海軍から引き渡された時点の報道において、横須賀市がそれを有償で払い下げる希望を抱いていたことが分かる。それがほぼ三年後に実現する事態となったのはその間、鉄屑価格が低迷していて、解体しても「うまみ」がなかったからだとすればつじつまが合う。

有償払い下げの出願がなされた三二年七月前後は軍需景気が起きていた時期に当たり、八月中旬以降は鉄屑価格が鰻登りの上昇をみた。鉄屑価格の動向と払い下げの出願時期を絡めた報道は見当たらなかったが、上昇の気配は十分に読み取れたのだろう。また、津軽の状態を新聞報道で付け加えれば、当初は航路標識の役割を果たしたが、その頃ともなると、亡霊のように横須賀軍港の白浜沖に浮かんでおり、長い間、同じ場所にあったために魚類の住家となって夏の夜などは好適な釣り場とされていた。

『横須賀市史』によって、津軽疑獄の概要を述べると「市は昭和七（一九三二）年七月一日、市会全員協議会を開き、本来ならば市の物品購入売却規程により入札に付すべきものを、優先権ありとして潜水協会に払い下げることを申し合わせた。ために反対派の議員は市民大会を、また在郷軍人会は役員総会を開いて反対を決議する等騒然となったが、市会は同年八月一日、潜水協会に三万二〇〇〇円で払下げを議決した。ところが、この議決賛成者獲得のための贈収賄が露見し、市会議員多数が拘引されたので問題はひろがり……」ということになる。

この文章に関連させると、払い下げの出願状況とそれがいつの時点で紛糾しだしたかがまず問題となる。七月一日の市会全員協議会の申し合わせから一〇余日経た一二日「廃艦『津軽』の払下げ揉める　軍人分会から決議　潜水協会払下組も当惑」あたりが発火点とみられる。帝国在郷軍人会横須賀分会が一〇日夜、役員会を開いて、同会が他より先に、価格も高価に払い下げを出願したにもかかわらず、潜水協会にそれよりも低い価格でなぜ払い下げようとするのか。潜水協会への払い下げを阻止し、あくまで分会に払い下げてもらうように決議をしたとある。七月三一日「廃艦『津軽』払下げ　会議所が飛入り　是非四万円でと願い出ず　益々もつれ出す」と横須賀商工会議所も参入する事態となった。[2]

激論のなかで潜水協会に決定

このような経過を経て八月一日に横須賀市会全員協議会が開かれた。二日「波瀾の廃艦『津軽』三万円で潜協払下　全員協議会まず決す」では、①潜水協会へ三万円以上に値上げさせ払い下げるべし、②市の利益を考え、このさい、公入札に付すべしの両論に分かれて激論を戦わせ結局採決の結果、公入札派が敗れ、潜水協会へ売却することに決した。そして潜水協会に対して、市理事者が値上げ交渉をした結果、三万二〇〇〇円を承諾したので、それに沿った随意契約による市提出の議案が一七対四で市会可決となった。ただし、本会議でも全員協議会と同じような議論が繰り返され、その激論のなかで大井（鉄丸）市長が「七月一日の協議会で議員諸氏から『潜水協会へ二万円で払下げよと頼まれたのであって、その際諸氏から今後高い買い手があるかもしれないが、そんなものには顧慮せずに猛進せよといったではないか』と逆襲的答弁をなし……」とある点がその後の疑獄への展開と考え併せると興味深い。

八月に入ってすぐさま、津軽疑獄に発展した。八月一二日には「召喚者相つぎ　検事局緊張

津軽払下問題　愈々視目を集む」とあり、『東京朝日新聞』も「廃艦払下げで疑獄沙汰　横須賀市議等召喚」を載せた。横浜検事局から検事が出張し、市会議員を次々と召喚して取り調べているという内容である。とくに後者は全国的に報道していなかったためか、それまでの経緯をまとめており、八月五日に横須賀市と日本潜水協会が契約調印、六日以来、解体工事に着手したとある。八月二五日「廃艦疑獄底無し　係検事を増員し　醜類《しゅうるい》の掃蕩に全力…」といった状況となり、多数の市会議員が金銭を受け取って潜水協会への払い下げに賛成した事実が明るみに出た(3)。

津軽疑獄によって起訴され、刑務所に収容された者は三二年一一月初めの段階において市議が九名、日本潜水協会側で四名に及び、予審終結には年内いっぱいかかるとみられていた。当時の横須賀市会議員の定数は三六名だったのだから、いかに腐敗していたかが分かる。また、予審終結に関していえば、当時は検事の起訴を受理した裁判所の予審判事が被告人の訊問、捜査内容の再検討と職権による事実調査を通じて公判開始、免訴、公訴棄却を判断する予審制度が存在した。実際には三三年三月二八日「津軽疑獄の全貌　被告十三名悉くが有罪　軍港市空前の醜き姿暴露さる　きのう予審終結決定」となり、一三名とも贈賄、収賄、収賄並びに賄賂提供によって横浜地方裁判所の公判に付すことが決定された。その主文につづく理由では、潜水協会側の津軽払い下げ運動は三一年八月頃から始まり、九名の市会議員に対しては三二年七月一日の全員協議会前、さらにそれ以降の紛糾局面を経て八月一日の本会議に至る前の二段階にわたって一人当たり最高五〇〇〇円を贈賄していたことや、収賄した議員がさらに同僚議員を買収していたことなどが分かる。

召喚された後備役造船少将

ところが、その後になって、三三年一二月六日「津軽疑獄の背後の人物 F造船少将収容さる 事件の当初より裏面に在って 横須賀市議買収の嫌疑濃厚」と慌ただしい展開をみせた（以下実名を仮名にした）。Fは日本潜水協会理事、後備役造船少将であり、収容中の日本潜水協会主事らに市議の買収に当たらせた嫌疑が濃厚になった。下関の旅館に宿泊中のところを電報で出頭通知をして五日、横浜検事局に召喚し、身柄を強制処分に付し、横浜刑務所に収容したとある。Fは当時、第一一章において取り上げたリューリック号の引き揚げにかかわっており、現地に向かおうと下関まで赴いていた。

Fは東京帝国大学工科大学に在学中に海軍造船学生となり、造船少将まで昇進した人物であり、現役を退いた後、予備役を経て当時は後備役だった。艦船引き揚げの権威であり、また、著名だったことは二五年一一月二一日『読売新聞』の「世界に誇る遭難潜水艦の引揚げ装置の発明井戸釣瓶の原理から思い付いた F少将以下に叙勲」、あるいは雑誌『現代』の三三年一二月号に載った「国際的に進出！ 艦船引揚げ体験記」によって分かる。前者は潜水艦の出現に伴い、事故時の乗組員の救出が大きな問題となっていた当時、画期的な発明だとされ、その功績によって勲二等授瑞宝章が授けられている。また、後者では本人の談話の形でまとめられているが、艦船引き揚げの世界的権威として知られていると紹介されており、談話のなかでは自らの豊富な体験やリューリック号の引き揚げには自信があることなどが語られている。

ドラマチックだった公判

ところで、F造船少将が横浜刑務所に収容された記事が載った同じ紙面に「検事の公訴事実供述　それだけで延期　津軽疑獄事件次回は二月六日　きのう第一回公判一時間」がある。Fが収容されたその日、横浜地方裁判所で津軽疑獄事件の第一回公判が開かれたのである。検事の公訴事実の供述は予審終結決定書に基づいており、事実審理に入るに先だって、閉廷したこともあって、市会議員の表情の描写などに力が入った報道だった。

F造船少将も被告席に加わった第二回公判の報道、すなわち一九三四年四月一一日「軍港空前の大疑獄　廃艦〃津軽〃をめぐる醜類に　峻烈な法の裁断　きのう第二回公判開く」のほうが第一回公判よりもずっと迫力がある。その間に贈賄側のHが急死し、公訴棄却となったが、F造船少将に対する検事の公訴事実の供述につづいて事実審理に入り、贈賄側の一人が「分け前少なく鬱憤晴らしに　仲間の悪を告発」、あるいは「裁判長の鋭鋒にF少将　巧みな否認戦法」といったドラマチックな場面が展開されたからである。

四月一三日に開かれた第三回公判にかけて贈賄側の四被告に対する裁判長の訊問が行われたので、被告の答弁と併せて、贈賄側の肩書や立場などを明らかにしておこう。予審終結決定の段階の贈賄側被告は急死したHが会社重役、Iが海事工業、Wが海事工業請負、Mが無職で、第二回公判以降はHが抜けて後備役造船少将、日本潜水協会理事のFが加わったことになる。捜査段階などの新聞報道によると、HとFは旧制高校の友人であり、Hには潜水協会主事の肩書もあった。

第二回公判において津軽解体後の分け前が三〇〇〇円と少なかったと供述したのはIであり、

IがF造船少将を横領で告発していたという新聞では報道されなかった事実が明るみに出た。また、贈賄については否認したFだったが、Iが供述した被告にはなっていない人物とともに匿名組合をつくったことは認め、津軽解体後について純益が五万一〇〇〇円で、そのうち潜水協会が一万七〇〇余円、組合が四万円余りをとったと述べた。第三回公判のW、Mに対する裁判長の訊問、それに対する供述を含めると、I、W、Mが市会議員の買収工作をもっぱら担当したことになる。職業が無職となっているMは代議士の秘書格とある。第三回公判の後半以降、収賄側の市会議員に対する訊問や供述、証人訊問などが次々と行われたが議員同士で金を「やった」「もらわぬ」の泥仕合の展開をみせた。

後備役造船少将の有罪確定

三四年六月七日「軍港市政史を汚す　津軽疑獄事件の醜類に大鉄槌　いずれも体刑並に罰金刑竹上検事の峻烈な論告」は前日、行われた論告求刑のもようを報道した。論告の序論において、潜水協会は会員がほぼ三〇人で潜水事業の学術的研究を目的とし、Fは理事となっていたが、津軽引き揚げでは名義を貸しただけであり、本体はFと公判中に急死したH、被告にはならなかった人物を含めて三人だったと断じた。また、情状論ではかつて横須賀海軍工廠造船部員を務めたことがあり、当時の部下だった市会議員のKを操縦したFの情状がもっとも重いとした。

八月一日に行われた判決において贈賄側では求刑で懲役三月だったFが三年間執行猶予の懲役三月、他の三人は七〇円から二五〇円の罰金となった。また、贈賄罪にも問われたKを含む収賄側の市会議員は公判中の三三年四月二一日に選挙が行われ、いずれも前市議となっていたが、一月から六月の懲役で一人だけに執行猶予がついた。Kは懲役六月の実刑判決だった。この判決を不服としたFと市会議員七人は東京控訴院に控訴、さらに大審院に上告したが、三五年一二月一〇日に大審院で上告棄却の判決があって、それぞれ一審判決通りの刑が確定した。

甘かった横須賀市の寄付要請

このようにして公判のほうは決着がついたが、その間、三四年四月の第一審の第二回公判で津軽の解体がすみ、利益分配もされていたことが分かる。それに先立ち、大きく浮上していたのが横須賀市の潜水協会に対する寄附要請だった。三二年一一月七日「儲かる津軽解体　寄附を待つ横須賀市　但し巧く行くかどうかは判らぬ」に、その状況が表れている。その頃ともなると、鉄材が高騰していたが、横須賀市は津軽売却当時、潜水協会がもし莫大なる利益を上げることができたら公共事業に寄附すると約束を交わしていた。そこで市会の一部が万事手ぬかりなく協会と掛け合うように大井市長を鞭撻している。市会の多数の希望は少なくとも二万円くらいの寄附を受けようというのだが、潜水協会が市の希望通りの寄附を承知するかどうかは甚だ疑わしく多くを望めないという悲観説が多かった。

横須賀市の考え方が甘かったことは三三年六月二三日「問題の津軽払下げ　利益金を市から要求　漸やく三千円の涙金を貰う」に表れている。津軽の解体は終わったのに潜水協会からはなんの挨拶もない。市が交渉を始めたのだが、協会は三〇〇〇円程度の寄附しかできないという返事だった。潜水協会は解体工事監督をしただけで、工事は他に任せてそこが鉄屑を転売した利益の一部を協会は得ただけなので、それしか出せないというのが言い分だった。鉄の値上がりで大儲けしたのは確かなのだが、今となってはどうすることもできず、三〇〇〇円の寄附を受けるしかあるまいというのだが、この段階では支払われていたわけではない。

その金額の寄附しか横須賀市が受けられなかったのは三四年六月六日の第一審の論告求刑の内容によって裏付けられる。検事が「市理事者、市会議員が競争入札、またはその他の方法で最高価払い下げ出願者に売却するよう努力すれば、相当高価に売れたであろう。しかるに津軽の払い下げ金額三万二〇〇〇円と払い下げ後、潜水協会より寄付の三〇〇〇円、合計三万五〇〇〇円を市は得ただけである」と述べているからである。

稲楠土地交換や津軽疑獄の経緯をみると、それらが横須賀という軍港都市ならではの状況から生じたといいうるだろう。稲楠土地交換の対象となった稲岡町、楠ヶ浦町の現状はといえば、かつて海軍工廠、海兵団、海軍病院があった楠ヶ浦町は米軍横須賀基地となっている。鎮守府があった稲岡町は米軍横須賀基地となっているほか、神奈川歯科大学と付属病院、横須賀学院など教育施設が立地し、記念艦「三笠」が保存されている三笠公園もある。市域は周辺町村の合併によって広大化し、かつて埋め立ての都と称された中心部を歩いても、そうとは感じられない情景が展開されている。

注

序章

（1）第一次オイルショック発生直後の七三年一一月に運輸技術審議会から運輸大臣に「一〇〇万重量トン型タンカーの建造は不可能でない」の答申があった。諮問は七〇年七月で、石油危機が予想外の出来事だったことを示す皮肉な結果となった。実際に運航している最大のタンカーは、現在ノルウェー船籍のJahre Vikingで五六万四七六三重量トン、建造は八〇年前後。

（2）二〇〇二年一二月、北朝鮮船籍の貨物船「チルソン」号が茨城県日立港で坐礁した事故がきっかけとなって、二〇〇四年四月に「油濁損害賠償保障法」の一部が改正され、タンカー以外の船舶のうち、一〇〇トン以上の外航船も保険加入を義務づけられた。この法改正によって二〇〇五年三月一日以降、有効な保険をもたない対象船舶の日本への入港が禁止される。二〇〇三年一二月二五日『産経新聞』の「無保険船の入港禁止…」によると、その時点で放置された外国船は一〇隻、撤去費用が払えない船主に代わって地方自治体が費用を負担したケースが二〇例近くあった。

（3）表1「鉄鋼業の業態別分類」の伸鉄メーカーは、現在の日本では高炉メーカーの発生品を材料として使用している。すなわち船舶解体業から伸鉄メーカーへの伸鉄材の供給は消滅し、すべて電炉メーカーへの鉄屑供給となった。

（4）その結果、シュレッダー屑は鉄屑の有力な品種となったが、ダストの処理困難性から逆有償問題が発生した。自動車リサイクル法では、リサイクル費用はユーザー負担だが、ダストの処理は自動車メーカーが責任を負うことになった。

第一章

（1） 一九三二（昭和七）年の広幡忠隆・逓信省管船局長の講演記録に、当時、日本では元治元（一八六四）年に外国で建造された船が稼働していたとある。

（2） 手続き的にはIMO（国際海事機関）の海洋環境保護委員会（MEPC）で条約の附属書Iの改正が採択された。二〇〇五年四月五日に発効予定。EUでは油濁補償基金などとパッケージにして、この措置をEU規則化して二〇〇三年一〇月に発効している。

（3） この換算例は『海事産業研究所報』三八二号（一九九八年）の「船舶解撤の需給構造の変化と今後の展望」（長塚誠治）による。掲載された事例では同じタンカーでも80型タンカー（八万重量トン）は四万二〇〇〇総トン、LDTでは一万七八〇〇トンであり、船種、船型によって換算式が異なる。

（4） VLCCの解体隻数は船舶解撤事業促進協会の平成一四～一五（二〇〇二～二〇〇三）年度の事業報告書からの引用。ロイド統計とは異なり、年度の数字である。

（5） 七六年一月に台湾を訪れた日本造船協力事業者団体連合会の報告（同会の広報紙に掲載）や宇野信次郎・連合会長の『造船界』（日本造船工業会）七六年四月号所収の「日本における船舶解撤業の課題と展望」を引用。同連合会は造船不況で減少した工事量確保のため、船舶解体業に参入する運動を展開し、それが船舶解撤事業促進協会の設立、助成金交付制度の開始に結び付いた経緯がある。

（6） 以下、主要解体国の南アジア三カ国と中国の状況については前記、注（3）の長塚論文や海事産業研究所の『海外海事情報』に載った海事専門紙の記事などを参考にした。

（7） 製法別粗鋼生産比率でインドは二〇〇二年に平炉鋼の比率が六・九％残存し、同じ年の連続鋳造比率が六五・二％にとどまっている。ちなみに日本は七七年に平炉鋼が消滅し、二〇〇二年の連続鋳造比率は九七・八％。

（8） 六八年のパキスタンの粗鋼生産量と製鉄業の評価は『インド・パキスタンの経済』（マリ・シモーヌ・ルヌー著、黒沢一晃訳、文庫クセジュ、一九六七年）による。

（9） カラチで刊行されている“Pakistan Year Book(1994-95)”の‘Ship Breaking’の項を要約した。

（10） 埼玉県川口市にかつて存在した旭鋼業の社史『丸棒と共に二十年』（一九七三年）に一九五〇年代前半の日本の伸鉄業の状況として「大八車のシャフト、鉄筋等も苦心して伸ばした。たまには解体船の良材に恵まれることもあったが、高値のものはなかなか使えなかった」とある。とすると、インドで解体船の伸鉄材で製造した鋼材の質がよいという説明や大地震の被災地から回収した鉄屑が伸鉄材として利用されたとしてもおかしくない。

（11） シュレッダー屑の比率は日本鉄源協会の各年度の鉄屑流通調査による大まかな数字を示した。

（12） 図2の出所と同じ文書の分析を引用した。トルコの輸入については「イラク戦争を契機とした中東地区需要増による鉄鋼生産拡大がその要因と考えられる」としている。

第二章

（1） 以下、各地の解撤ヤードについては海事産業研究所の『海外海事情報』に載った海外の海事専門紙等の記事などを参考ないしは引用した。

（2） 『船舶解撤業　風雪20年』（二〇〇〇年、船舶解撤事業促進協会）の第三章「今後の課題」から引用。

（3） 化学物質のうち、生物の体内であたかも生体ホルモンのように働いて、害をもたらすものが「外因性内分泌かく乱物質」、いわゆる「環境ホルモン」である。イボニシという巻き貝のメスがオス化するという現象がみられ、有機スズ化合物が原因ではないかと疑われている。

（4）ＩＬＯの「地域間三者構成専門家会議」にトルコが参加したのは、現在、解体量はごく少ないが、ビーチング方式の伝統的な船舶解体国であることからだとみられる。

（5）解体すべき老朽船、解体能力の数字の出所は注（2）と同じである。

（6）このような見方が確立しているわけではない。規制強化によってアラン海岸では到着時の解体船のガスフリー（ガスぬき）が他地域よりも厳しいとされている。各解体国の特殊事情に関しては雑誌『海運』（日本海運集会所）二〇〇四年六月号の「売船現場から見た解体船マーケット」（森本一巳）が参考になる。

（7）九三年一月七日と二月一九日『日経産業新聞』の「常石造船　比セブ島資本と合弁　船舶解体やリサイクル」「ベトナムで船舶解体業　日立造船、現地企業と合弁」など。

（8）『五十年の歩み』（九三年、日正汽船）を引用。以下、ＤＳＳＣＯの機構等に関する記述について同書によるところが多い。

（9）九三～九六年度の申請受理内容は『海運』九七年一〇月号の「(財) 船舶解撤事業促進協会　事業の変遷と今後の方向」による。筆者は同協会の金井紀・事務局長（当時）。九六年度の申請内訳は同協会の『平成九年度事業報告書』による。

（10）『海運』二〇〇二年四月号の「日正汽船…ベトナム解撤事業から撤退」による。二〇〇四年九月、ダナン駐日代表部（東京）に照会し、企業が存在していることは確認した。

（11）ピパバブ港の解撤事業に関しては『ＯＡＳＩＳ』一〇号（九六年七月、造船業基盤整備事業協会）に載った「円借款による船舶解撤工場の建設について」（西田浩之）が詳しい。

（12）二〇〇四年三月二六日『日本海事新聞』の「シップリサイクル総合責任はＩＭＯにＡＳＦ・ＳＲＣが共同声

明」による。

（13）ＤＳＳＣＯの事業推移では以下、『海運』九七年一〇月号の「ベトナム船舶解体事業の現状について」によるところが多い。筆者は日正汽船の水口武男・業務部長（当時）。国内報道は九五年四月七日『日経産業新聞』の「日立造船　越の合弁事業軌道に」。

（14）『海運』九八年三月号の平川茂・日正汽船社長のインタビュー記事による。

（15）注（2）と同じ。「ある船舶解撤事業者から見たこの二〇年」から引用した。

（16）注（13）の水口レポートによる。

（17）九八年二月のロンドンの海事専門紙に「ＡＳＦがベトナムに船舶解体業の拡大を打診したが、環境への配慮から、その意思がなかった」「ベトナムは国内に持ち込まれた解体船の汚れにはきわめて厳しく対処することで知られている」とある。

第三章

（1）『大阪商船五十年史』（一九三四年）による。

（2）日露戦争以降、第一次世界大戦までの間、民間では三菱・長崎造船所のほかに山科海事工業所（山科禮藏）、松田海事工業（松田助八）などが代表的な海難救助業者だった。とくに山科は沈船引き揚げのほかに、築港、架橋、岩礁破砕、埋め立て等に従事し、衆院議員や東京商業会議所副会頭も務めた。松田は横須賀海軍工廠に勤務し、潜水等の技術を習得した。

（3）『日本鉄鋼販売史』（全国鉄鋼問屋組合、一九五八年）、『鉄はるか――鉄鋼流通史序説』（全国鉄鋼特約店連合会・東京鉄鋼販売業連合会、一九八五年）、深崎正號『鉄鋼問屋変遷史』（鉄鋼春秋社、一九八九年）、『本所鉄交会創立二十周年記念誌』（一九六八年）、『風雪――本所鉄交会創立二十五周年記念誌』（一九七三年）、『立

売堀新町振興会三十年史』（一九七七年）など。

（4）トレヴァー・I・ウィリアムズ『二〇世紀技術文化史　上』（中岡哲郎・坂本賢三監訳、筑摩書房、一九八七年）の「鉄と鋼」から引用。

（5）自動車のフェンダーについては、第五章で引用する『鉄屑ニュース』第六九号（日本鉄屑工業会、一九八七年）の「岡田と鈴徳」による。岡田は東京の有力な鉄屑問屋の岡田菊治郎のことだが、その縁辺に東京の埋立地に打ち寄せた廃缶の活用を手掛けたという話が残っている。

第四章

（1）この区別でいうと、積み荷と併せて沈船や坐礁船の再利用を図るのが主目的のサルベージ＝海難救助業にとっても、潜水作業は不可欠である。ここでは解体船業者に分類される岡田組の岡田勢一には潜水士の経験があった。「船舶解体業のルーツは潜水業だ」という言い方がされるゆえんである。

（2）第二次世界大戦以前の新聞各紙の夕刊は、実際の発行日の翌日の日付を表示していることが多かった。この記事を掲載した『東京朝日新聞』の夕刊は、表示は一〇月七日の日付だが、実際は六日の発行だった。本書では以下、こうしたケースでは「実際の発行日、『新聞紙名』（夕刊）」とした。

（3）一九三三年七月六日『大阪毎日新聞』の「大大阪港への輝かしいスタート　新大阪飛行場の起工式」で大和川尻のほうも大阪市港湾部主催で七月五日、予定敷地三〇万坪の中央、海上の舟の祭場で起工式があったことが分かる。五二〇万円の予算で「竣工予定は十ヶ年となっているが、港湾部では数年で完成したいと望んでいる」とある。

第五章

（1）西京丸は日本郵船が英国で建造し、横浜・上海線に就航させた貨客船。海軍に徴用された日清戦争の黄海海戦では樺山（資紀）軍令部長（中将）が乗船し、被弾しながら奮戦したことで船名を高めた。『栗林一〇〇年』（栗林商会、一九九六年）など二冊の社史になぜか西京丸の記載はなく、郵船側の記録では売却先は記述されないまま一九二一年五月売却となっている。

（2）載っているのは九七隻（うち外国船五九隻）だが、比較のために二六年までをとると二八隻（同一二隻）となる。三〇年七月一七日『大阪朝日新聞』の「船舶解体増加…」、二七年八月二日『読売新聞』の「輸入船舶の増加…」中の逓信省調べの数字では、前者の該当期間の解体船数は三七隻、後者では二一年一一月～二七年六月の輸入解体船は二一隻となっている。

（3）作家、池波正太郎がエッセイ『散歩のとき 何か食べたくなって』（平凡社、一九七七年）でその前後、こどもの頃、接した砂町の光景を描いている。深川のはずれの東京湾にのぞむ砂町に住む伯父の家に行ったのだが、「夏の日射しに光る運河の水や、濃い草の匂いや、運河を行く蒸気船や漁師の舟を、いまも脳裡におもいうかべることができる。……」

第六章

（1）快速優秀船に置き換えるという政策意図に基づいて代船建造助成金は一三・五ノット以上一四ノット未満を一総トン当たり四五円とし、一八ノット以上五四円を上限に、その間、半ノット刻みで一円ずつ上昇する仕組みだった。五〇円の助成金は一六ノット以上、一六・五ノット未満に当たる。

（2）船齢四二～五〇年の四隻一万二三八二総トンの「解体権利」と実体を売却した八馬汽船の経緯が、その社史『一〇〇年の歩み』（一九七八年）で分かる。それら老齢船を整理して得た資金で三六年までに船齢一三～一九年の三隻を購入していたとある。同社にとって、船舶改善助成施設は所有船の〝若返り〟に貢献した。

（3）いまでは使われていないが、「汽機」は当時、蒸気機関を意味した。「汽缶」は蒸気機関の主要部のボイラーであり、購入された古船は蒸気往復動機関を備えたいわゆるレシプロ船だったということになる。新造船ではディーゼル船、タービン船が増えていた。

第七章

（1）「艦隊背後の商船隊」という海軍の考え方が重要である。日露戦争の日本海海戦では海軍に徴用され、仮装巡洋艦となっていた信濃丸が「敵艦見ゆ」と打電して勝利に貢献した。軍艦と編隊行動がとれる優秀快速な商船を必要とした海軍に対して、陸軍は兵員、軍需品の輸送が主体であり、船腹の確保を重視した。陸軍は拓務省側に立った。

（2）三三年四月三日の『神戸新聞』の「この頃喧しい外船輸入問題とは…」では以上にあげた対立のほか「政友の逓信、民政の拓務」の政党間の対立、勢力争いが解決を困難にしていると指摘した。多様な対立軸があったことによる抗争の激しさは、逓信省が両省間の覚書だけでは問題を残すと、閣議決定事項にすることに固執したことに表れている。

（3）竹中治（一九〇〇～六七年）は東京商大卒業後、商工省に勤務し、いったん退官後、日東鉱業汽船を設立したほか、多様な業種にかかわった。太平洋戦争中に商工省に戻り、戦後はふたたび民間で日東商船を創立、六四年にジャパンラインの社長を務めるなど経歴等において他の四人と異なる。

（4）第五章でリポートを紹介した岡崎幸壽の著書『わが海運四十年の回想』（一九六三年）では、宮地民之助は「神戸商船学校出身のエンジニアで、二等機関士までつとめた船を下りて、兵庫で宮地船具店を経営していた」とある。立志伝中の人物という評価は共通している。

（5）個人業者的な企業で成立していた海難救助業界は、合併等で一九一〇年代後半に東京サルヴェージ、日本海事工業、帝国海軍工業が設立され、三社鼎立時代に入った。第一次世界大戦中の日本海運業の躍進が業界の整備を促した。次いで二四年には「日本」「帝国」が合併、二社体制となったが、過当競争を憂慮した海上保険関係業界の調停によって日本サルヴェージが設立された。

第八章

（1）「直納」とは鉄鋼メーカーとの間で鉄屑の直接取引・決済が可能な形態であり、その直納業者の名義を借りて行う取引が代納である。直納者指定商制度とは月の扱い量が一〇〇トン以上でいずれかの鉄鋼メーカーに直納資格がある鉄屑取扱業者を鉄屑指定商としたととれる。

（2）鉄鉱石、原料炭、石灰石を主原料に高炉で銑鉄を生産する。銑鉄を主体に鉄屑もあわせて平炉に投入し、生産された鋼を圧延して鋼材を製造する。これが日本製鉄など当時の高炉メーカーの生産工程である。その銑鉄だが、製鋼用のほかに、高炉メーカーが鋳物メーカーに出荷するといったように独自な用途がある。「銑の屑または故」という分類が生じるゆえんである。

（3）鉄屑指定商、銑屑指定商はその区分などについて、あいまいな点がある。『日本鉄屑工業会十年史』に、月の扱い量一〇〇トン未満層をどうするかが尾を引き、三九（昭和一四）年に銑屑指定商が設けられたという注目すべき記述がみられる。

（4）三九年一二月一六日『都新聞』の「昔懐し郵便箱　ポストは全部木製に」によると、逓信省は赤ポストの代用品に陶製、セメント製、竹筋コンクリート製など試作したが、木製に決定した。鉄製ポストは全国に約七万五〇〇〇、大都会に設置していたが「この時局下に田舎と同様な木製に決まった」とある。

（5）四一年七月三〇日『読売新聞』に「帝都の長者番付…昨年の鉄成金岡田氏は早くも転落」が載った。三九年、四〇年と納税額で話題となった岡田であり「そこに激しい時局の流れがみられる」と報道されているが、転落ではなかったといえよう。

第九章

（1）当時の日本サルヴェージの状況を『60年の歩み　日本サルヴェージ』の年表の一九四二年の項目は「救助船・救助員・救助要具の大半は軍に徴用され、南方水域で活躍。社名を日本海難救助（株）に改名」と記している。

（2）計画にまつわる貴重な証言が『昭和の群像　私の八十年』（小津茂郎著、創林社、一九八四年）に載った「強盗けい太と未完成交響曲」の文章である。著者は馬とのつながりで著名な人物だが当時、北陸地方行政協議会勤務の官僚であり、木造船建造にムチを入れ督励した。「天城の昔のご料林にあったお礼杉といわれる大木は一本も残さずに、この犠牲となり、現在は跡かたもない」とある。

（3）生産力増強を目的に東条（英機）首相から初の行政査察使に任命された鈴木（貞一）国務相兼企画院総裁の京浜工業地帯の鉄鋼業を中心とする報告書による。日本鋼管の屑鉄の活用に関する項目を引用した。四三年五月一七日『東京朝日新聞』に「職場は即ち戦場　魂の躍動要望　鈴木査察使　工員を激励　日本鋼管で」が載っている。

（4）四四年に近畿日本鉄道の生駒ケーブル、系列の信貴山急行電鉄のケーブルと山上鉄道線が撤去された。「決戦回収」の遊覧線に含まれたとみてよい。複線が単線化した生駒に対して、全面撤去の信貴山が復旧したのは五七年と遅く、山上鉄道線は専用自動車道に変わった。国鉄の四四年の撤去は一一線一四区間に上った一方で、横須賀線の横須賀―久里浜間が軍事上の要請で開通している。

第一〇章

（1）第二次世界大戦後、それも一九六〇年代前半までの世界の船舶解体量は、七五年以降に比べると低い水準で推移した。一方、船舶解体にかかわった日本の企業の社史に載っている解体量が多量に上ったケースがみられ、世界一だったことを裏づける。『阪和興業五十年史』(二〇〇〇年)も「戦前、解体船事業は日本が独占し、戦後はその勢力を香港と二分していた」としている。

(2) それらの鋼材の一部が米国に輸出されていたことが『TETSUBO　日商鉄鋼貿易部のあゆみ』(一九九七年)で紹介されている。ニッケル、クロム、マンガン等を多量に含んでいる特殊鋼は戦後の米国としても必需品だった。『日本国勢図会　昭和二十五年版』にも「少量ではあるが、屑鉄を米国に輸出している」と記されている。

(3) 近代的な潜水技術は幕末期、長崎、横浜に伝わり、千葉県の房総半島、岩手県の種市町周辺が多くの潜水夫を送り出してきた。とくに種市は海底での爆破作業を得意とした。船舶解体業者が沈船を引き揚げるさいには、これら地域の潜水夫を雇用することが広く行われた。

(4) 図4「共同解撤のシステム」に示されているように、ここでは共同企業体の赤字をさす。

第一一章

(1) 一連の黄金探しで第二次世界大戦後に大きなニュースとなったのがナヒモフ号である。八〇年九月にプラチナとみられる金属塊の引き揚げに成功、その帰属が日ソ間の外交問題になった。最終的に金属塊がどのくらいの値打ちがあったかなど新聞紙上等で見いだせなかったが、引き揚げられたナヒモフ号の大砲が東京湾の船の博物館で屋外展示されている。

(2) 燕麦は馬の食うものという意識があったなかで、『北海タイムス』の三一年一一月の紙面に「凶作の秋　燕麦めし　きょう試作会」と「燕麦めしの常用　空知管内に約五千戸」が連続して載った。札幌の公会堂で全道町村長が試食をしたが、道民は食べざるを得なくなっていた。翌三二年九月には燕麦が多雨、水害で黒点病となり、被害粒を食べると食後に頭痛、嘔吐、めまいを起こした。

第一二章

（1）『横浜貿易新報』によると、初声村のケースは海軍の演習で沖合の好漁場に出漁できないため、人工魚礁設置を要望していた。爆発・沈没した後、魚礁化していた軍艦の第三者への払い下げについて「近時、海軍諸作業に関して漁業権侵害問題のやかましい折、払い下げは海軍にとって得策でない」——同じ三四年、呉鎮守府が海軍省に回答した文書が防衛研究所に残っている。

（2）東京湾では『横浜貿易新報』で三四年九月に「釣道楽の大衆化で漁師、悲鳴をあぐ」、三五年八月には「海の大殺陣…千葉漁師が縄張り争いで」といった事態も発生していた。横須賀の漁民が釣り船の取り締まりを神奈川県に要望した。横浜市の釣り船業者が客を乗せ魚釣り中に、千葉県の漁船が襲撃し、業者二人を海中に突き落とし、瀕死の重傷を負わせたうえ、拉致している。

第一三章

（1）一九二五年と三〇年の国勢調査をみると、稲岡町が一八五世帯九五四人から一〇四世帯五七七人に、楠ヶ浦町が五二五世帯一九六四人から二一世帯一〇一人に減っている。全戸が移転対象の楠ヶ浦町が著しく減少した。民有地の買収、地上物件の移転完了との関係で「ずれ」が感じられるが、その理由については解明できなかった。

（2）「津軽」の払い下げをどこが先願したかについては『横浜貿易新報』以外の新聞等も参照したが、いま一つはっきりしなかった。また、払い下げ金額は三万円、三万二〇〇〇円の二通りの新聞報道があったが、諸資料をつき合わせた結果、三万二〇〇〇円のほうが妥当と判断した。潜水協会については、大日本潜水協会、日本潜水協会と二通りの表記がみられたが、便宜上、日本潜水協会に統一した。

（3）三二年九月九日『横浜貿易新報』は海軍好意の「津軽」無償払い下げに関連して「鎮守府幹部を訪い　市長、

事態を深く謝る…」と報道した。事件発生後「鎮守府に一回も顔出しもせず、放任していたので知事及び内務部長からきつい注意が発せられ」とあり、大井市長はそれを肯定したうえで、「辞職のあいさつだったらすぐ行けたのだが……面目なかった」と弁明した。

参考文献

長塚誠治『21世紀の海運と造船——世界と日本の動向』成山堂書店、一九九八年。

戸田弘元編著『シリーズ　世界の企業　鉄鋼業』日本経済新聞社、一九八七年。

松田常美『世界の鉄鋼業を訪ねて』私家版、一九九〇年。

叶芳和編著『産業空洞化はどこまで進むのか——中国の挑戦・日本の課題』日本評論社、二〇〇三年。

ジャパンライン（株）編『船舶大意』潮流社、一九七二年。

真鍋英男「造船用鋼材の基礎知識」『鉄鋼界』五一巻九号、日本鉄鋼連盟、二〇〇一年一〇月。

今井義久「船舶解撤・リサイクル——世界動向と関係者の課題」『海事産業研究所報』四四六号、二〇〇三年八月。

中山省児「船舶建造とリサイクル——建造者から見た問題と今後の取組み」『海事産業研究所報』四五二号、二〇〇四年二月。

禮田英一「シップリサイクルとバーゼル条約——船舶への条約適用上の問題と今後のあり方」『海事産業研究所報』四五二号。

植村保雄「今、なぜ船舶解撤か？船舶解撤に関する国際的動きと対応に向けて」『海事産業研究所報』四五二号。

朝岡康二『鍋・釜』法政大学出版局、一九九三年。

石井謙治『和船Ⅰ』法政大学出版局、一九九五年。

田部三郎『鉄鋼原料論』ダイヤモンド社、一九六三年。

田部三郎『日本鉄鋼原料史（下巻）』産業新聞社、一九八三年。

稲山嘉寛『私の鉄鋼昭和史』東洋経済新報社、一九八六年。

塩田長英『日本の鉄鋼市場』至誠堂、一九六九年。

『鉄屑の知識』鉄鋼新聞社、一九六一年。

『三菱長崎造船所史（1）』三菱造船株式会社長崎造船所、一九二八年。

岩本稲巖編『興国海運史』海陸運輸時報社、一九一八年。

『大阪港工事誌』大阪市港湾局、一九七一年。

大阪都市協会編『大正区史』一九八三年。

中川敬一郎『昭和海運経営史1　両大戦間の日本海運業』日本経済新聞社、一九八〇年。

岡崎幸壽『海運』ダイヤモンド社、一九四八年。

寺谷武明『日本海運経営史3　海運業と海軍』日本経済新聞社、一九八一年。

中村隆英『昭和経済史』岩波書店、一九八六年。

中村隆英『昭和史I』東洋経済新報社、一九九三年。

遠藤一夫『おやじの昭和』中央公論社、一九八九年。

通商産業省編『商工政策史　第一・二巻　総説（上）・総説（下）』一九八五年。

『統制経済の基礎知識』ダイヤモンド社、一九四二年。

有吉義弥『回想録　日本海運とともに』日本海事広報協会、一九八一年。

横田貞一『海難救助』海文堂出版、一九六〇年。

野添憲治『定本　幻の木造船――松下造船能代工場』能代文化出版、二〇〇四年。

『播磨造船所50年史』（株）播磨造船所、一九六〇年。

山下弥三左衛門『潜水読本』成山堂書店、一九六〇年。

『横須賀海軍工廠外史』横須賀海軍工廠会、一九九〇年。

中村政則『労働者と農民——日本近代をささえた人々』小学館、一九九八年。

片桐大自『聯合艦隊軍艦銘銘伝』光人社、一九八八年。

野村実監修『図説　日本海軍』河出書房新社、一九九七年。

『日本海軍史　第二巻　通史第三編』海軍歴史保存会、一九九五年。

『日本海軍史　第三巻　通史第四編』海軍歴史保存会、一九九五年。

『高知県水産試験場百年のあゆみ』高知県水産試験場、二〇〇二年。

『静岡県水産試験研究百年のあゆみ』静岡県水産試験場・栽培漁業センター、二〇〇三年。

『宮崎県水産試験場百年史』宮崎県水産試験場、二〇〇三年。

『愛媛県水産試験場百年史』愛媛県水産試験場、二〇〇〇年。

『香川県水産試験場百年のあゆみ』香川県水産試験場、二〇〇〇年。

『福岡県水産試験研究機関百年史』福岡県水産海洋技術センター、一九九九年。

『横須賀案内記』横須賀市役所、一九一五年。

『横須賀軍港沿革史』横須賀地方総監部、一九五二年。

あとがき

第三部「鉄屑が映し出す昭和初期の日本」を構成する第一一章以下の三つのトピックスを書き上げ、全体を見直したところで、あらためて感じたのは、そこに至るまでの試行錯誤と要した時間の長さだった。試行錯誤を強いられたのは、取材の過程で知り得たあまりに多い、ときには、とりとめがないといってもよい「事実」の存在だった。

それらを最終的には「鉄屑と船——鉄屑の戦争化」「都市と農村——虚栄と貧困」の二つをモチーフに整理し直そうとしたのだが、それがいかに難しいかを思い知らされた。いまなお、横須賀の街をさまよっている感じさえする。

知り得た事実とは、第一二章「廃艦船が果たした役割」の注（1）において、「爆発・沈没した後、魚礁化していた軍艦の第三者への払い下げについて『近時、海軍諸作業に関して漁業権侵害問題のやかましい折、払い下げは海軍にとって得策でない』——同じ三四年、呉鎮守府が海軍省に回答した文書が防衛研究所に残っている」とだけ書き、それ以外のことには触れなかったようなケースに及ぶ。この軍艦とは「河内」であり、一九一八（大正七）年、山口県の徳山湾に停泊中、火薬庫の爆発によって沈没し、艦体が大破したこともあって放置された。折からの鉄屑ブームで引き揚げたいという民間業者が現れ、海軍省の照会に対して呉鎮守府が回答したということになる。

確かに、その時期、敷設水雷の爆破や爆弾投下演習による漁業被害が報道されていた。魚礁用の廃艦艇払い下げに当たって、海軍がそれら水域に配慮したのではないかと漠然と感じていたのだが、間接的に立証する公文書に接したのである。

なぜ、そのような事実の確認にこだわるのか。遡れば一九三五（昭和一〇）年生まれという中途半端な世代に属していることにも起因する。第二次世界大戦下の四四年、東京など大都会のこどもに学童疎開という大きな試練が襲ったとき、私は横浜の青木国民学校三年生だった。学校ぐるみの集団疎開に加わった体験は、けっして戦争と無縁ではなかったという意識を強く植え付けた。

その反面、軍艦の名称とその特長をすべてそらんじた軍国少年が存在した世代よりは遅く生まれた。敗戦を契機に、かつての軍隊の存在を「封印」されたこともあって、あまりに知らなさすぎた海軍にまつわる事実の確認に引き寄せられてしまった。

『河内』の爆発事故に関連しては『大阪毎日新聞』に「潜水術に妙技の噂高き蛭田海軍技手は、河内遭難地に向け、潜水夫その他職工を引率し、横須賀発列車にて出発せり」というごく短く小さな記事が載っている。第一三章「『津軽疑獄』の衝撃波」において、事件の中心人物だった後備役のF造船少将が潜水艦の乗組員救出装置の発明で叙勲されたことを記した。その折、一九二五年に同じ理由で同時に海軍技手、蛭田鉄五郎に銀杯が下賜されている。「河内」救助に向かった蛭田海軍技手と同一人物であろう。

さらに遡れば一八九七（明治三〇）年に愛媛県の長浜で発生した軍艦「扶桑」の僚艦との接触による沈没事故のさい、海軍大臣から横須賀鎮守府司令長官代理にあてた訓令が防衛研究所に残っている。海軍技手、蛭田伊兵衛を名指しして職工らを引率させて派遣することを命じている。同姓の二人には血縁があったのだろうか。当初、蛭田は珍しい姓だと思い込んでいたが、最近になって横須賀近辺では必ずしもそうでないと教えられた。

第三章「鉄リサイクルの歴史と船」において、潜水における高度な技術・技能は海軍工廠で継承されたことを強調した。そのことに触れた記述は他にある。しかし「妙技の噂高き」二人の蛭田の存在を知ることによって、自らの確信に転化できたのである。

第一一章「鉄屑ブームと農村の窮乏」においては昭和恐慌当時、身売りによって村中から娘がいなくなってしまった東北地方のある村、身売りにまつわる横浜の遊郭での心中事件がリアルに報道されていたことを記述した。売春防止法が施行された一九五八年、私は新聞記者となり、地方支局に赴任し、警察を担当した。同法施行以前の関連犯罪行為を「勅令九号違反で」と何度か記事にした記憶がある。

勅令九号の中身を忘れたほどに月日が経過した。昭和恐慌当時、そして私が新聞記者になった頃よりは、少なくとも基本的人権に配慮した報道がされるようになった。そして今、アジアの発展途上国から人身売買の形で、若い女性が日本に送り込まれ、国際的な批判をあびているという報道に接する。日本の社会、日本人の人権意識が、売春防止法施行を画期として、どのように変わったかがあらためて問われているような思いすらする。

このように書き綴ってくると、トピックスとして書き上げた第一一章以下が、序章で記したこの本を書いた当初の目的である「これまでと異なる角度から日本の近代化の過程を明らかにする」ことになにがしか役立ったのではなかろうか。もちろん、その点は読者のご批判を仰がなければならないが、少なくともこのような内容の本をまとめることができたのは、東京周辺に所在する防衛研究所の図書館、神奈川県立川崎図書館、そして日本新聞博物館（ニュースパーク）に併設された新聞ライブラリーがあってこそだった。

ここ十余年、北海道の北見市に勤務先があった私は、夏休みを中心に時折、留守宅がある川崎市に戻るという生活をつづけた。この本のテーマを手掛けた当初は、防衛研究所で関連する公文書を筆写し、公立図書館では社史がもっとも整っている神奈川県立川崎図書館で関連図書を探し求め、それとは別に横浜市にある神奈川県立図書館で、関連記事が多く載っていると見込んだ『横浜貿易新報』の閲読に終始した。

第八章「鉄飢饉、そして統制時代へ」において、川崎図書館で接した久留米市と金沢市の石油販売店の社史がとても参考になった。統制の対象となった五ガロン缶、ドラム缶に関連して、それらがどのように使用されていたのかのイメージは二冊の社史によって初めて得られた。

他方、『神戸新聞』のほうが船舶解体業、伸鉄業に関連する記事が多いと知って、神戸市立中央図書館に二度ほど出向いたが、紙面をじっくり読むには時間的制約が大きすぎた。その意味において二〇〇〇年一〇月にオープンした日本新聞博物館は、私にとってまことに有り難い存在となった。『神戸新聞』だけでなく『大阪毎日新聞』『大阪朝日新聞』など多くのマイクロフィルムに接することが可能となったからである。

紙幅の関係で、お一人ずつの名前は挙げられないが、この時期をおいては永久に失われてしまう証言をしていただいた方々に深く感謝したい。本書の構成など編集を担当していただいた柴田章さんにはお世話になった。最後に造船技術者だった亡父にも感謝したい。幾度か、華やかな進水式を眼前にした原風景と記憶が、廃船後の行方に関心を募らせた最大の動機だったと思えるからである。

二〇〇四年一一月

佐藤　正之

佐藤　正之（さとう・まさゆき）

1935年、横浜市生まれ。
1958年、早稲田大学第一政経学部卒業、毎日新聞社入社。経済部、エコノミスト別冊編集長などを経て、北海学園北見大学商学部教授。2004年3月定年退職。

著書
『京浜メガテクノポリスの形成――東京圏一極集中のメカニズム――』（日本評論社、1988年）
『ＴＯＫＹＯ新川ストーリー――ウォーターフロントの100年――』（日本評論社、1991年）
『北紀行――変わる北海道の街と経済――』（日本経済評論社、1994年）
『北の銀河鉄道――第三セクター経営のゆくえ――』（日本評論社、1996年）
『静脈ビジネス――もう一つの自動車産業論――』（共著、日本評論社、2000年）

船舶解体――鉄リサイクルから見た日本近代史

2004年11月30日　初版第1刷発行

著者 ―― 佐藤正之
発行者 ― 平田　勝
発行 ―― 花伝社
発売 ―― 共栄書房
〒101-0065　東京都千代田区西神田2-7-6 川合ビル
電話　　03-3263-3813
FAX　　03-3239-8272
E-mail　kadensha@muf.biglobe.ne.jp
URL　　http://www1.biz.biglobe.ne.jp/~kadensha
振替 ―― 00140-6-59661
装幀 ―― 廣瀬　郁
印刷・製本 ― 中央精版印刷株式会社

ISBN4-7634-0431-8　C0036